广西农作物种质资源

丛书主编 邓国富

蔬菜卷

陈振东 张 力 刘文君 等 著

科学出版社

北京

内 容 简 介

基于"第三次全国农作物种质资源普查与收集行动"与广西创新驱动发展专项"广西农作物种质资源收集鉴定与保存",本书对获得的大量调查数据、鉴定评价结果进行了梳理和总结。全书共九章,第一章概述了广西蔬菜产业基本情况和广西蔬菜种质资源调查与收集概况;第二章至第九章以图文并茂的形式,分别介绍了在2015~2018年实施上述两个项目期间收集、征集到的瓜类、茄果类、豆类、叶菜类、葱姜蒜类、根菜类、水生蔬菜、多年生及杂类蔬菜种质资源的分布与类型,并详细描述了414份蔬菜优异种质资源的来源、主要特征特性、优异性状及利用价值。

本书主要面向从事蔬菜种质资源保护、研究和利用的科技工作者,大专院校师生,农业管理部门工作者,蔬菜种植及加工人员等,旨在提供广西蔬菜种质资源的有关信息,促进蔬菜种质资源的有效保护和可持续利用。

图书在版编目(CIP)数据

广西农作物种质资源. 蔬菜卷 / 陈振东等著. —北京:科学出版社,2020.6

ISBN 978-7-03-064975-1

Ⅰ. ①广… Ⅱ. ①陈… Ⅲ. ①蔬菜－种质资源－广西 Ⅳ. ① S32

中国版本图书馆 CIP 数据核字(2020)第 072456 号

责任编辑:陈 新 陈 倩 / 责任校对:郑金红
责任印制:肖 兴 / 封面设计:金舵手世纪

科 学 出 版 社 出版

北京东黄城根北街16号
邮政编码:100717
http://www.sciencep.com

北京九天鸿程印刷有限责任公司 印刷

科学出版社发行 各地新华书店经销

*

2020 年 6 月第 一 版 开本:787×1092 1/16
2020 年 6 月第一次印刷 印张:25 1/2
字数:603 000

定价:398.00 元
(如有印装质量问题,我社负责调换)

"广西农作物种质资源"丛书编委会

主 编

邓国富

副主编

李丹婷 刘开强 车江旅

编 委

（以姓氏笔画为序）

卜朝阳	韦 弟	韦绍龙	韦荣福	车江旅	邓 彪
邓杰玲	邓国富	邓铁军	甘桂云	叶建强	史卫东
尧金燕	刘开强	刘文君	刘业强	闫海霞	江禹奉
祁亮亮	严华兵	李丹婷	李冬波	李秀玲	李经成
李春牛	李博胤	杨翠芳	吴小建	吴建明	何芳练
张 力	张自斌	张宗琼	张保青	陈天渊	陈文杰
陈东奎	陈怀珠	陈振东	陈雪凤	陈燕华	罗高玲
罗瑞鸿	周 珊	周生茂	周灵芝	郎 宁	赵 坤
钟瑞春	段维兴	贺梁琼	夏秀忠	徐志健	唐荣华
黄 羽	黄咏梅	曹 升	望飞勇	梁 江	梁云涛
彭宏祥	董伟清	韩柱强	覃兰秋	覃初贤	覃欣广
程伟东	曾 宇	曾艳华	曾维英	谢和霞	廖惠红
樊吴静	黎 炎				

审 校

邓国富 李丹婷 刘开强

本书著者名单

主要著者

陈振东　张　力　刘文君　何芳练　车江旅

其他著者

万正林　王　萌　甘桂云　史卫东　陈宝玲
陈　琴　陈小凤　宋焕忠　吴　星　张朝明
范爱丽　周建辉　周生茂　周艳霞　郭元元
柳唐镜　赵　虎　赵　坤　赵曾菁　秦　健
黄　皓　康德贤　梁家作　蒋月喜　琚茜茜
覃斯华　董伟清　黎　炎

Foreword　丛 书 序

　　农作物种质资源是农业科技原始创新、现代种业发展的物质基础，是保障粮食安全、建设生态文明、支撑农业可持续发展的战略性资源。近年来，随着自然环境、种植业结构和土地经营方式等的变化，大量地方品种迅速消失，作物野生近缘植物资源急剧减少。因此，农业部（现称农业农村部）于 2015 年启动了"第三次全国农作物种质资源普查与收集行动"，以查清我国农作物种质资源本底，并开展种质资源的抢救性收集。

　　广西壮族自治区（后简称广西）是首批启动"第三次全国农作物种质资源普查与收集行动"的省（区、市）之一，完成了 75 个县（市）农作物种质资源的全面普查，以及 22 个县（市、区）农作物种质资源的系统调查和抢救性收集，基本查清了广西农作物种质资源的基本情况，结合广西创新驱动发展专项"广西农作物种质资源收集鉴定与保存"，收集各类农作物种质资源 2 万余份，开展了系统的鉴定评价，筛选出一批优异的农作物种质资源，进一步丰富了我国农作物种质资源的战略储备。

　　在此基础上，广西农业科学院系统梳理和总结了广西农作物种质资源工作，组织全院科技人员编撰了"广西农作物种质资源"丛书。丛书详细介绍了广西农作物种质资源的基本情况、优异资源及创新利用等情况，是广西开展"第三次全国农作物种质资源普查与收集行动"和实施广西创新驱动发展专项"广西农作物种质资源收集鉴定与保存"的重要成果，对于更好地保护与利用广西的农作物种质资源具有重要意义。

　　值此丛书脱稿之际，作此序，表示祝贺，希望广西进一步加强农作物种质资源保护，深入推动种质资源共享利用，为广西现代种业发展和乡村振兴做出更大的贡献。

中国工程院院士　刘旭

2019 年 9 月

广西地处我国南疆，属亚热带季风气候区，雨水丰沛，光照充足，自然条件优越，生物多样性水平居全国前列，其生物资源具有数量多、分布广、特异性突出等特点，是水稻、玉米、甘蔗、大豆、热带果树、蔬菜、食用菌、花卉等种质资源的重要分布地和区域多样性中心。

为全面、系统地保护优异的农作物种质资源，广西积极开展农作物种质资源普查与收集工作。在国家有关部门的统筹安排下，广西先后于1955～1958年、1983～1985年、2015～2019年开展了第一次、第二次、第三次全国农作物种质资源普查与收集行动，还于1978～1980年、1991～1995年、2008～2010年分别开展了广西野生稻、桂西山区、沿海地区等单一作物或区域性的农作物种质资源考察与收集行动。

广西农业科学院是广西农作物种质资源收集、保护与创新利用工作的牵头单位，种质资源收集与保存工作成效显著，为国家农作物种质资源的保护和创新利用做出了重要贡献。经过一代又一代种质资源科技工作者的不懈努力，全院目前拥有野生稻、花生等国家种质资源圃2个，甘蔗、龙眼、荔枝、淮山、火龙果、番石榴、杨桃等省部级种质资源圃7个，保存农作物种质资源及相关材料8万余份，其中野生稻种质资源约占全国保存总量的1/2、栽培稻种质资源约占全国保存总量的1/6、甘蔗种质资源约占全国保存总量的1/2、糯玉米种质资源约占全国保存总量的1/3。通过创新利用这些珍贵的种质资源，广西农业科学院创制了一批在科研、生产上发挥了巨大作用的新材料、新品种，例如：利用广西农家品种"矮仔占"培育了第一个以杂交育种方法育成的矮秆水稻品种，引发了水稻的第一次绿色革命——矮秆育种；广西选育的桂99是我国第一个利用广西田东普通野生稻育成的恢复系，是国内应用面积最大的水稻恢复系之一；创制了广西首个被农业部列为玉米生产主导品种的桂单0810、广西第一个通过国家审定的糯玉米品种——桂糯518，桂糯518现已成为广西乃至我国糯玉米育种史上的标志性品种；利用收集引进的资源还创制了我国种植比例和累计推广面积最大的自育甘蔗品种——桂糖11号、桂糖42号（当前种植面积最大）；培育了一大批深受市场欢迎的水果、蔬菜特色品种，从钦州荔枝实生资源中选育出了我国第一个国审荔枝新品种——贵妃红，利用梧州青皮冬瓜、北海粉皮冬瓜等育成了"桂蔬"系列黑皮冬瓜（在华南地区市场占有率达60%以上）。1981年建成的广西农业科学院种质资源库是我国第一座现代化农作物种质资源库，是广西乃至我国农作物种质资源保护和创新利用的重要平台。这些珍贵的种质资源和重要的种质创新平台为推动我国种质创新、提高生物育种效率发挥了重要作用。

广西是 2015 年首批启动"第三次全国农作物种质资源普查与收集行动"的 4 个省（区、市）之一，圆满完成了 75 个县（市）主要农作物种质资源的普查征集，全面完成了 22 个县（市、区）农作物种质资源的系统调查和抢救性收集。在此基础上，广西壮族自治区人民政府于 2017 年启动广西创新驱动发展专项"广西农作物种质资源收集鉴定与保存"（桂科 AA17204045），首次实现广西农作物种质资源收集区域、收集种类和生态类型的 3 个全覆盖，是广西目前最全面、最系统、最深入的农作物种质资源收集与保护行动。通过普查行动和专项的实施，广西农业科学院收集水稻、玉米、甘蔗、大豆、果树、蔬菜、食用菌、花卉等涵盖 22 科 51 属 80 种的种质资源 2 万余份，发现了 1 个兰花新种和 3 个兰花新记录种，明确了贵州地宝兰、华东葡萄、灌阳野生大豆、弄岗野生龙眼等新的分布区，这些资源对研究物种起源与进化具有重要意义，为种质资源的挖掘利用和新材料、新品种的精准创制奠定了坚实的基础。

为系统梳理"第三次全国农作物种质资源普查与收集行动"和"广西农作物种质资源收集鉴定与保存"的项目成果，全面总结广西农作物种质资源收集、鉴定和评价工作，为种质资源创新和农作物育种工作者提供翔实的优异农作物种质资源基础信息，推动农作物种质资源的收集保护和共享利用，广西农业科学院组织全院 20 个专业研究所 200 余名专家编写了"广西农作物种质资源"丛书。丛书全套共 12 卷，分别是《水稻卷》《玉米卷》《甘蔗卷》《果树卷》《蔬菜卷》《花生卷》《大豆卷》《薯类作物卷》《杂粮卷》《食用豆类作物卷》《花卉卷》《食用菌卷》。丛书系统总结了广西农业科学院在农作物种质资源收集、保存、鉴定和评价等方面的工作，分别概述了水稻、玉米、甘蔗等广西主要农作物种质资源的分布、类型、特色、演变规律等，图文并茂地展示了主要农作物种质资源，并详细描述了它们的采集地、主要特征特性、优异性状及利用价值，是一套综合性的种质资源图书。

在种质资源收集、鉴定、入库和丛书编撰过程中，农业农村部特别是中国农业科学院等单位领导和专家给予了大力支持和指导。丛书出版得到了"第三次全国农作物种质资源普查与收集行动"和"广西农作物种质资源收集鉴定与保存"的经费支持。中国工程院院士、著名植物种质资源学家刘旭先生还专门为丛书作序。在此，一并致以诚挚的谢意。

广西农业科学院院长

2019 年 9 月

Contents 目　录

第一章
广西蔬菜种质资源概述

第一节　广西蔬菜产业基本情况

广西位于北纬 20°54′~26°24′、东经 104°28′~112°04′，地跨北热带、南亚热带和中亚热带，北回归线横贯其中部。气候温和，光热充足，各地年平均气温为 16.5~23.1℃，≥10℃ 年积温为 5000~8300℃。雨量充沛，各地年平均降水量为 1080~2760mm。地形地貌复杂，属于山地丘陵盆地地貌，包括中山、低山、丘陵、台地、平原、石山六类。土壤类型多样，主要有砖红壤、赤红壤、红壤、黄壤、紫色土、石灰岩土等（胡宝清和毕燕，2011）。广西因其拥有丰富的光热水土资源，被誉为"天然大温室"。在广西，许多地方一年四季均可种植蔬菜，冬季一般无需特别的防寒保温措施，生产成本较低，具有明显的自然地理气候优势和市场竞争优势，已发展成为我国蔬菜种植大省（区）。

在全国蔬菜重点区域发展规划中，广西被划分为华南冬春蔬菜重点区域、东南沿海出口蔬菜重点区域，是我国蔬菜十大主要产区之一，也是全国最重要的冬春季"南菜北运"蔬菜生产基地。随着市场结构性、周期性供需加大，广西各地依托自然地理气候特点和种植传统大力发展蔬菜产业，建成了地域特色鲜明的冬春蔬菜、高山蔬菜、常年蔬菜、水生蔬菜、设施蔬菜等主产区。同时，随着近年来农产品"三品一标"认证的持续实施、农产品流通设施建设的大力推进，以及经营模式的不断完善，广西蔬菜产业快速升级，逐步建成了基地生产、专业市场批发、冷链运输、清洗加工等上下游产业集群，使得蔬菜产业在广西国民经济中发挥更为重要的作用。目前，蔬菜产业已成为广西种植业中的重要支柱产业。

广西蔬菜作物主要有瓜类、茄果类、叶菜类、豆类、根菜类、葱姜蒜类和水生蔬菜类等。2017 年，全年蔬菜累计播种面积 2073.15 万亩（1 亩≈666.7m²，后文同），总产量 3249.44 万 t。其中，瓜类 273.54 万亩，产量 461.03 万 t；茄果类 265.26 万亩，产量 481.36 万 t；叶菜类 585.34 万亩，产量 915.38 万 t；豆类 137.05 万亩，产量 199.12 万 t；根菜类 198.09 万亩，产量 344.07 万 t；葱姜蒜类 148.65 万亩，产量 216.51 万 t；水生蔬菜类 74.88 万亩，产量 115.29 万 t；其他 390.34 万亩，产量 516.68 万 t（数据来源：广西农业农村厅）。

广西一些传统种植的特色地方蔬菜品种也得到大面积种植，经过多年的发展，形成了规模化、产业化生产基地。及时收集、挖掘广西古老、珍稀、特有的蔬菜地方品种及野生近缘种，将为丰富种质资源基因库、保护种质资源多样性及后续的高效利用奠定基础。

第二节 广西蔬菜种质资源调查与收集概况

一、广西蔬菜种质资源调查历史

广西具有丰富的蔬菜地方品种，自20世纪60年代初，广西分别于1960年、1979年、1986～1990年、1991～1995年开展了4次不同规模的蔬菜种质资源调查与收集工作。1960年，广西农业厅组织全区农业院校、科研单位进行全区性蔬菜品种资源调查，共收集339个地方品种。1964年，广西农业科学院周静润和崔国祥从中选取了105个优良品种，并编写了《广西蔬菜优良品种》初稿。1979年，广西农学院黄道明等再一次开展广西蔬菜品种资源调查整理工作，并对1964年整理的地方品种加以复查，增加了新收集的地方品种，一共有129个品种编入了《广西蔬菜栽培优良品种》（黄道明，1980）。1986年8月至1990年12月，广西农业科学院园艺研究所郭科英等参与了"七五"期间国家重点科技攻关专题"蔬菜种质资源繁种及主要性状鉴定"工作，开展广西蔬菜品种资源收集、繁种和编目入库工作，经过5年的调查、征集，共征集到蔬菜种质资源164份，上交国家种质资源库151份，其中根菜类5份、白菜类13份、芥菜类6份、甘蓝类3份、瓜类48份、豆类40份、茄果类21份、葱蒜类1份、薯芋类3份、水生蔬菜1份、绿叶菜类10份。1991～1995年，广西农业科学院园艺研究所李文嘉等参加"八五"期间国家重点科技攻关专题之一的"蔬菜种质资源收集、繁种和编目入库"工作，征集到各类蔬菜种质资源298份，并全部上交国家种质资源库，其中根菜类2份、白菜类11份、芥菜类9份、甘蓝类1份、瓜类59份、豆类132份、茄果类59份、绿叶菜类18份、其他7份。

广西野生蔬菜资源亦十分丰富，有乔木、灌木、藤本和草本等。中国科学院广西植物研究所蓝福生等于1995～1997年组织力量对广西桂南、桂中、桂北的20多个县（市）的野生蔬菜资源进行了初步调查，发现可作为蔬菜食用的野生蔬菜共170种，归属于64科，分别占广西植物的种（8354种）和科（288科）总数的2.03%和22.22%（蓝福生等，1998）。2003～2004年，由广西农业区划办公室牵头，组织广西农业厅、广西大学农学院和广西农业科学院等单位对广西野生蔬菜资源进行调研，进一步查清广西有96科289种野生蔬菜，其中84种野生蔬菜在广西各地均有分布（文信连等，2006）。

二、2015～2018 年广西蔬菜种质资源调查与收集

1. 依托项目

农业部专项"第三次全国农作物种质资源普查与收集行动"和广西创新驱动发展专项"广西农作物种质资源收集鉴定与保存"。

2. 项目的实施

（1）普查与征集

由广西壮族自治区农业农村厅种子管理局组织，各县级农业农村局具体实施，组织普查人员对辖区内的种质资源进行普查，征集当地古老、珍稀、特有、名优作物地方品种和作物野生近缘植物种质资源，并将数据录入数据库，征集的农作物种质资源送交广西农业科学院。

（2）系统调查与收集

由广西农业科学院组织实施，组建调查与收集队伍，前往种质资源比较丰富的县（市、区）开展实地调查和抢救性收集。

（3）鉴定评价与保存

由广西农业科学院实施，分作物参考"农作物种质资源技术规范"丛书，对收集资源开展农艺性状的初步鉴定，并对初步鉴定获得的比较优异的资源开展丰产性、抗病虫性、抗逆性、优质性、特殊性状和新颖性 6 个方面的深入鉴定评价；对完成鉴定评价的资源开展繁殖工作，提交国家种质资源库（圃）。

3. 蔬菜种质资源调查收集

2015～2018 年，各县级农业农村局共完成全区 14 个地级市 75 个县级行政区的普查与征集工作，征集到各类蔬菜种质资源 181 份。同时，广西农业科学院蔬菜研究所通过组织农作物种质资源调查队，对广西 13 个地级市的 50 个县（市、区）开展系统调查与抢救性收集，收集各类蔬菜种质资源 1184 份。通过普查和系统调查，共收集各类蔬菜种质资源 1365 份（表 1-1）。调查队在桂林市和百色市收集资源的数量最多，分别占总份数的 31.28% 和 21.47%。在桂北、桂西北和桂西南地区收集的资源数量较其他地区多，种类更为丰富，这些地区往往山区较多，有众多少数民族聚居，交通不便，以及少数民族饮食习惯传承，使得许多地方品种得以保留。沿海地区地势平坦，交通便利，蔬菜品种易于交流更新，农户保留的地方品种较少。

表 1-1　获得的蔬菜种质资源类别、数量及分布

地级市	瓜类/份	茄果类/份	豆类/份	叶菜类/份	葱姜蒜类/份	根菜类/份	水生蔬菜/份	多年生及杂类/份
百色市	121	52	24	31	47	0	17	8
北海市	2	0	0	1	0	0	0	0
崇左市	17	19	4	3	23	0	7	3
防城港市	12	3	4	0	12	0	1	1
贵港市	2	0	1	0	2	0	2	0
桂林市	154	76	37	18	87	2	32	20
河池市	30	17	4	8	23	0	1	0
贺州市	29	15	16	18	26	0	4	9
来宾市	3	4	2	4	2	0	1	1
柳州市	34	21	15	9	28	2	3	4
南宁市	36	18	17	16	33	2	0	4
钦州市	3	2	5	2	4	0	1	0
梧州市	7	2	1	2	3	1	3	7
玉林市	7	1	0	3	5	0	0	0
合计	457	230	130	115	295	9	72	57

在所收集的蔬菜种质资源中，地方品种1246份，野生资源119份（图1-1）。地方品种中以瓜类最多，共计447份，可见瓜类蔬菜在广西老百姓餐桌上占有重要地位；野生资源归属于菊科、茄科、百合科、葫芦科、姜科、锦葵科、伞形科、天南星科、芸香科、唇形科和三白草科11个科。在所收集的野生蔬菜资源中，瓜类以野生苦瓜居多；茄果类多为野生茄子；葱姜蒜类有藠头、薤白、野韭菜和山姜；叶菜类主要是叶用莴苣；水生蔬菜主要是野芋；多年生及杂类种类较多，多为芳香调料植物。

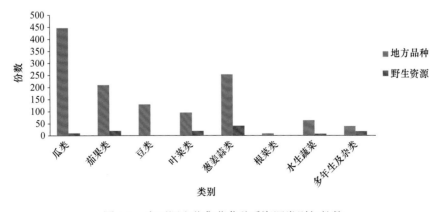

图 1-1　广西调查收集蔬菜种质资源类别与份数

收集的蔬菜种质资源来自低海拔的合浦县廉州镇（12m）至高海拔的隆林各族自治县德峨镇（1504m），海拔100～300m地区是各类蔬菜种质资源的主要分布区（图1-2）。

收集的资源来自汉族、壮族、瑶族、苗族、侗族和毛南族 6 个民族，其中来自汉族和壮族的较多，瑶族和苗族次之，侗族和毛南族仅有几份（图 1-3）。少数民族多聚居在偏远山区，在漫长的历史进程中，为适应当地生活环境，因地制宜采集和种植适合当地地理气候条件的蔬菜作物，结合自身民族文化逐渐形成了独特的饮食习惯。例如，壮族居民在节日"三月三"歌节上制作的五色糯米饭，采用枫香、红蓝草、姜黄、紫苏、红苋菜等野生蔬菜浸提液作为染料（陶玉华等，2017）；长寿之乡巴马瑶族自治县的瑶族居民将地方特色作物火麻磨粉浸水滤出汁与芥菜、苦马菜、南瓜菜、萝卜、白菜、红米菜等共煮，制作出美味的火麻汤（李筱文，2002）；酸汤鱼是苗族、壮族居民喜爱的传统美食，开胃爽口的酸汤多用糟辣椒和番茄等做成，其中番茄多使用当地酸味十足的野化小番茄（许桂香，2009）；瑶族、苗族和侗族居民钟爱打油茶，以恭城油茶最负盛名，而茶叶和姜是制作油茶过程中的主料，葱、蒜、辣椒等也是重要的佐料（农艳芳和钟建锋，1999）。

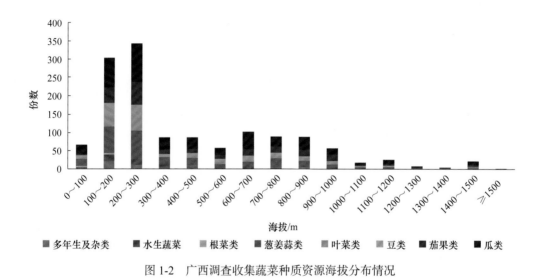

图 1-2   广西调查收集蔬菜种质资源海拔分布情况

图 1-3   广西调查收集蔬菜种质资源民族分布情况

4. 蔬菜种质资源鉴定评价

2015～2018 年，我们对收集的 1038 份种质资源进行了形态学、生物学特性和抗病虫性等鉴定评价。经过鉴定评价，发现优异资源 414 份，占鉴定资源的 39.88%；其中，以瓜类优异种质资源最多，达到 162 份（图 1-4）。

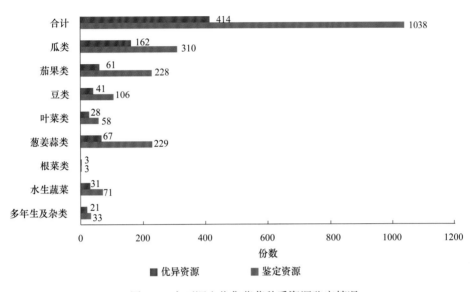

图 1-4 广西调查收集蔬菜种质资源鉴定情况

第二章
广西瓜类蔬菜

第一节　概　　述

广西优越的地理位置，多变的地形地貌，适宜的气候条件，多样的土壤类型，使得广西瓜类蔬菜种质资源丰富，有南瓜、黄瓜、节瓜、丝瓜、苦瓜等多种。在广西世居的各民族风俗习惯影响下，广西各地保存了丰富且具有鲜明地方特色的瓜类蔬菜种质资源。其中，知名的地方品种有桂林牛腿南瓜、桂林白苦瓜、合浦张黄黄瓜、玉林青皮节瓜等。

一、瓜类蔬菜种质资源调查收集与分布

2015～2018 年，在项目实施期间共收集瓜类蔬菜种质资源 457 份，其中南瓜 188份、黄瓜 37 份、节瓜 45 份、丝瓜 84 份、苦瓜 24 份、瓠瓜 38 份、西瓜 15 份、甜瓜 8份、蛇瓜 12 份，其他瓜类 6 份（表 2-1）。

表 2-1　收集的瓜类蔬菜种质资源在广西的分布情况

地级市	县（市、区）	南瓜/份	黄瓜/份	节瓜/份	丝瓜/份	苦瓜/份	瓠瓜/份	西瓜/份	甜瓜/份	蛇瓜/份	其他/份
百色市	那坡县、凌云县、隆林各族自治县、西林县、田林县、平果市、靖西市、乐业县、田阳区、德保县	61	14	11	13	8	9	0	1	2	2
北海市	合浦县	0	2	0	0	0	0	0	0	0	0
崇左市	凭祥市、龙州县、大新县、扶绥县、宁明县	2	2	3	4	2	2	0	0	1	1
防城港市	上思县	3	0	0	5	0	2	0	0	1	0
贵港市	桂平市、平南县	0	0	0	1	1	0	0	0	0	0
桂林市	灵川县、资源县、灌阳县、龙胜各族自治县、恭城瑶族自治县、荔浦市、临桂区、永福县、兴安县、阳朔县、全州县	76	11	13	27	6	16	2	1	0	2
河池市	都安瑶族自治县、大化瑶族自治县、南丹县、凤山县、天峨县、东兰县、宜州区	14	2	2	7	3	2	1	0	0	0
贺州市	富川瑶族自治县、钟山县、昭平县、八步区	9	1	1	8	1	3	3	2	1	0
来宾市	合山市、武宣县、金秀瑶族自治县	0	0	0	3	0	0	0	0	0	0

续表

地级市	县（市、区）	南瓜/份	黄瓜/份	节瓜/份	丝瓜/份	苦瓜/份	瓠瓜/份	西瓜/份	甜瓜/份	蛇瓜/份	其他/份
柳州市	柳城县、柳江区、融水苗族自治县、鹿寨县	15	1	4	7	1	3	0	0	2	1
南宁市	宾阳县、马山县、武鸣区、西乡塘区、邕宁区、上林县、江南区	7	0	5	5	2	2	10	2	3	0
钦州市	灵山县	0	1	1	1	0	0	0	0	0	0
梧州市	苍梧县、蒙山县	0	2	0	2	0	1	0	1	1	0
玉林市	陆川县、博白县、容县	1	1	3	1	0	0	0	0	0	0
合计		188	37	45	84	24	38	15	8	12	6

收集的瓜类蔬菜种质资源来自14个地级市61个县（市、区）。其中，在桂林市和百色市收集的瓜类蔬菜种质资源较多，分别为154份和121份，分别占所收集瓜类蔬菜种质资源总数的33.70%和26.48%。瓜类蔬菜种质资源又以南瓜最多，这与南瓜的栽培特性和当地的饮食风俗有关。一方面，南瓜适应性广，抗逆性强，耐干旱，耐贫瘠，在山坡荒地、沟边地角等都能生长；另一方面，南瓜营养丰富，食用方法多样，茎、叶、花、果和种子都可食用，因而深受各地居民喜爱，已经形成了具有地方民族特色的美味佳肴，如蒜蓉南瓜苗、南瓜花酿、南瓜饼、蒸南瓜等。

二、瓜类蔬菜种质资源类型

1. 南瓜

南瓜在广西的分布范围广、类型多样，通过系统调查和收集行动共收集南瓜种质资源188份，数量居所有瓜类蔬菜之首。在所有地区中，桂林市和百色市南瓜种质资源较为丰富，分别收集到76份和61份，分别占总数的40.43%和32.45%。桂林收集的南瓜品质优于其他地方，如灵川县的正义大南瓜、正义小南瓜和阳朔小南瓜的果实品质优良，表现为肉质粉、口感细腻、味道甜美。经检测，正义大南瓜老熟瓜中淀粉含量为8.0g/100g，糖含量为3.4%，维生素C含量为27.4mg/100g。百色市的偏远山区，道路交通不便，当地农户自行留种现象也较为普遍，因此较多的农家品种得以保存和延续。而在桂南地区的南瓜主产区，如隆安县、扶绥县、来宾市、西乡塘区等地，由于地方品种在一致性、产量、品质等方面存在缺陷，逐渐被商品化品种所替代。

南瓜类型多样，常见的有中国南瓜、印度南瓜、美洲南瓜和黑籽南瓜4个种，收集的南瓜种质资源均属于中国南瓜，推测与栽培特性或饮食习惯有关。印度南瓜和美洲南瓜的适应性、抗病性差，在广西夏秋高温季节种植时，病毒病和白粉病发生严重，难以正常开花结实，因而在长期的自然选择过程中，逐渐被淘汰。黑籽南瓜虽然抗病性强，但是茎蔓纤维多、果实肉质坚硬，可食性差。中国南瓜茎、叶、花、果和种子都可食用，亦粮亦菜，还可以用作饲料。因而，在经历长期的人工选择之后，黑籽南瓜逐渐被淘汰，中国南瓜保留下来。此外，在已完成鉴定的 138 份资源中，其果实形状、品质存在明显差别，果形主要有扁圆形、圆形、椭圆形、梨形、长棒形等，果形指数为 0.41～3.00；品种的一致性较差，如从柳城县太平镇收集的资源后代出现磨盘形、梨形、长棒形和曲颈形 4 种瓜形；不同品种的单瓜重差别很大，其中最大单瓜重 12.75kg，最小的 0.9kg；按照单瓜重可将品种划分为 4 个等级：大果型（单瓜重≥4.0kg）（75 份），较大果型（3.0kg≤单瓜重<4.0kg）（33 份），中果型（2.0kg≤单瓜重<3.0kg）（23 份），小果型（单瓜重<2.0kg）（7 份）。

南瓜地方品种的综合性状较差，常常表现出种子纯度差、果实品质差、综合抗性差等，不适宜直接应用于生产，然而个别资源的某一单个性状表现突出，对育种可能具有重要的利用价值。经鉴定，共筛选出 40 份优异资源，其中桂林市 22 份，百色市 9 份，贺州市 4 份，河池市 2 份，柳州市、南宁市、崇左市各 1 份。这些优异资源的特点非常鲜明，如正义大南瓜高抗白粉病和病毒病，且老熟瓜品质好；源口梨形南瓜、黎村南瓜和井湾大南瓜的果实大、产量高；富罗南瓜、福登南瓜和坡吉南瓜植株生长势旺盛、侧蔓分生能力强、主侧蔓粗度达到 1.0cm 以上，可直接或改良后用作茎用南瓜专用品种。

2. 黄瓜

已鉴定的 22 份黄瓜资源均为华南型黄瓜，瓜形有短圆柱形、长条形或圆球形；嫩商品瓜皮色有绿色、白色、黄白色或灰绿色，嫩商品瓜表面光滑、带蜡粉、带黑刺瘤或白刺瘤，可溶性固形物含量为 3.0%～5.0%，单瓜重 0.2～0.8kg；老熟瓜皮色有黄色、黄褐色或褐色；属于强雄系，早中熟，早期雄花多雌花少，对霜霉病和白粉病抗性较强。

3. 节瓜

已鉴定的 28 份节瓜资源以果面有蜡粉、果肉白色、肉质致密、耐储运的种质为主，瓜形圆筒形 9 份、短圆筒形 8 份、长圆筒形 8 份、日字形 1 份、梨形 2 份。嫩商品瓜皮色以浅绿色带白斑为主，黄绿色无斑点花纹的 2 份，绿色无斑点花纹的 1 份；老熟商品瓜皮色有白色蜡粉的 25 份，无白色蜡粉的 3 份；嫩商品瓜单瓜重在 1.5kg 以下的 5 份，1.5～2.0kg 的 11 份，2.0kg 以上的 12 份；老熟商品瓜单瓜重在 3.0kg 以下的 9 份，3.0～4.0kg 的 11 份，4.0kg 以上的 8 份。大部分资源植株生长旺盛、晚熟、抗病。

4. 丝瓜

丝瓜具有适应性强、抗性强、采收期长等特点，在广西各地农村房前屋后常有种植，是农村里随手可摘的蔬菜，嫩瓜可食用，老瓜可络用，深受农户喜爱。丝瓜的用途主要有4种：一是食用，以采收嫩瓜为主，供切片炒食、做汤或切段蒸食，清甜鲜嫩，是丝瓜最主要的用途；二是络用，以采收老熟瓜为主，取丝瓜络为材料，供洗刷器具、加工成鞋垫或坐垫等日用品；三是汁用，于植株生长旺盛期切断主蔓，从下段切口处接取伤流液（又称"丝瓜水"），"丝瓜水"含有防止皮肤老化的B族维生素、增白皮肤的维生素C等，可加工成洗发水、沐浴露、洁面乳、面膜等美容护肤产品；四是药用，丝瓜全身能入药，根、茎、叶、花、瓜、络、籽等含有皂苷、瓜氨酸等成分，性寒味甘，有清热解毒、止咳祛痰、止血消肿、消炎止痛、舒筋活血、通经活络、利尿通便等功效。此外，多数丝瓜抗枯萎病，在瓜类蔬菜栽培上常用作砧木。可见，丝瓜全身是宝，具有广泛的利用价值，是重要的蔬菜种质资源。

在已鉴定的62份丝瓜资源中，有普通丝瓜资源47份、有棱丝瓜资源15份。普通丝瓜资源植株长势旺盛，中晚熟，抗枯萎病；瓜形长圆筒形、短圆筒形至椭圆形，瓜皮色黄白、黄绿、浅绿至绿色，瓜肉色主要有白绿和黄绿色，肉质和风味以中等为主，商品性普遍较好。有棱丝瓜资源植株长势中等，早中熟，瓜形长棍棒形或短棍棒形，瓜皮色黄绿至绿色，瓜肉白绿色，肉质和风味以中等为主，商品性普遍较好。

5. 苦瓜

收集的苦瓜资源有16份属于地方品种，8份属于野生资源。地方品种大部分都是农户自留种。1960年和1986～1990年开展的两次资源普查中，均收集到桂林白苦瓜，本次也收集到了该类型苦瓜，但是之前收集到的桂林青皮苦瓜没能获得。可能是当地人们饮食习惯的改变（更加倾向于桂林白苦瓜），使得青皮苦瓜资源被逐步淘汰。本次收集到8份野生苦瓜资源，经初步鉴定为葫芦科（Cucurbitaceae）苦瓜属（*Momordica*）凹萼木鳖（*Momordica subangulata*），为日后开展苦瓜远缘杂交育种研究提供了材料。在已鉴定的10份地方品种中，不同熟性的品种均有，其中早熟3份、中熟4份、晚熟3份。瓜形以短棒形为主，其中短棒形7份、长棒形1份、短纺锤形1份、长纺锤形1份。商品瓜色：白绿色5份、浅绿色4份、绿色1份。瓜瘤类型：粒条相间5份、条瘤4份、粒瘤1份。

6. 西瓜

广西在清朝就有种植西瓜的记载。在新中国成立以前，广西有诸如南宁市武鸣区城东镇邓广村、青秀区茅桥社区等种植西瓜的零星产地，主要种植有马铃瓜、大红瓜、嘉宝瓜等，在 20 世纪 70 年代后慢慢退出生产。籽用西瓜是广西传统名优特产，贺州市八步区、富川瑶族自治县、钟山县是主要的产地，其中以八步信都红瓜子最为著名，栽培历史悠久。

在已鉴定的 13 份西瓜资源中，10 份为鲜食西瓜，3 份为籽用西瓜；3 份为四倍体西瓜资源，10 份为二倍体西瓜资源。大部分资源植株生长旺盛，耐湿耐热。果实形状：圆形 6 份，长椭圆形 4 份，椭圆形 2 份，短椭圆形 1 份。成熟单瓜重：3.0kg 以下的 3 份，3.0～5.0kg 的 8 份，5kg 以上的 2 份。果皮底色：浅绿色 1 份，绿色 2 份，深绿色 7 份，墨绿色 3 份；果皮覆纹颜色有绿色、深绿色、墨绿色网纹或条纹。果皮厚 0.8～1.4cm。鲜食西瓜瓤色全部为红色，肉质都为沙脆，中心可溶性固形物含量为 10.5%～12.0%；籽用西瓜瓤色为白色。

7. 甜瓜

在已鉴定的 7 份甜瓜资源中，5 份果实以菜用为主，2 份为鲜食甜瓜。果实形状：梨形 1 份，棒形 4 份，长棒形 1 份，长椭圆形 1 份。成熟单瓜重：1.0kg 以下的 5 份，1.0～2.0kg 的 2 份。果皮底色：绿白微黄 1 份，金黄色 1 份，深绿或浅绿 4 份，乳白微黄 1 份；有 4 份果面覆有棱沟。果肉颜色：2 份白色，5 份白色微绿。鲜食甜瓜味香甜，菜用甜瓜味淡。中心可溶性固形物含量：鲜食甜瓜为 12.0%～14.0%，菜用甜瓜在 10% 以下。

8. 瓠瓜

在已鉴定的 21 份瓠瓜资源中，以侧蔓结瓜为主，瓜形有短圆柱形、长条形、长颈圆球形、梨形、牛腿形和细腰形。嫩商品瓜皮色有深绿、浅绿、白色、白底带花青斑，嫩商品瓜单瓜重 0.1～3.5kg；老熟瓜皮色有黄色、褐黄色、褐色，中晚熟。

9. 蛇瓜

在已鉴定的 10 份蛇瓜资源中，短棒瓜形 7 份，长曲条瓜形 3 份；皮色白色带条状绿斑 7 份，墨绿皮带条状白斑 1 份，绿皮带条状白斑 2 份。

三、瓜类种质资源优异特性

在收集的 457 份瓜类种质资源中，当地农户认为具有优异性状的种质资源有 142 份。其中，具有优良品质特性的资源有 71 份，具有抗病特性的资源有 67 份，具有抗虫特性的资源有 45 份，具有抗旱（或耐旱）特性的资源有 27 份，具有耐寒特性的资源有 22 份，具有耐热特性的资源有 17 份，具有耐涝特性的资源有 3 份，具有耐贫瘠特性的资源有 69 份，具有高产特性的资源有 35 份。

第二节 南瓜优异资源

1. 正义大南瓜

【**学名**】Cucurbitaceae（葫芦科）Cucurbita（南瓜属）Cucurbita moschata（中国南瓜）。

【**采集地**】广西桂林市灵川县灵田镇正义村。

【**主要特征特性**】[①]该资源果实品质极优，肉质粉、口感细腻、味甜，带浓郁板栗香味，果肉中淀粉含量为 8.0g/100g，高抗病毒病、白粉病。

名称	叶形	叶色	叶上白斑	瓜形	瓜形指数	单瓜重/kg	老熟瓜皮色	老熟瓜肉色	生育期/天
正义大南瓜	掌状五角	深绿色	多	长筒形，顶部膨大	2.41	4.52	橙黄色	深黄色	100～110

【**利用价值**】在当地种植 50 年以上，以食用老熟瓜为主，是选育优质、抗病南瓜新品种的优异亲本。

---

① 【**主要特征特性**】所列蔬菜种质资源农艺性状数据均为 2016～2018 年田间鉴定数据的平均值，后文同

2．正义小南瓜

【**学名**】Cucurbitaceae（葫芦科）*Cucurbita*（南瓜属）*Cucurbita moschata*（中国南瓜）。

【**采集地**】广西桂林市灵川县灵田镇正义村。

【**主要特征特性**】该资源雌花开放早，易坐果，果实转色快，肉质较粉、口感较细腻、味甜，品质优。

名称	叶形	叶色	叶上白斑	瓜形	瓜形指数	单瓜重/kg	老熟瓜皮色	老熟瓜肉色	生育期/天
正义小南瓜	掌状五角	深绿色	少	圆形、梨形、长筒形	1.79	1.90	橙黄色	深黄色	90～100

【**利用价值**】在当地种植 50 年以上，以食用老熟瓜为主，适合用于早熟、优质南瓜新品种的选育。

3. 源口扁南瓜

【学名】Cucurbitaceae（葫芦科）*Cucurbita*（南瓜属）*Cucurbita moschata*（中国南瓜）。

【采集地】广西桂林市灵川县潭下镇源口村。

【主要特征特性】该资源雌雄花开放早，易坐果，果实磨盘形，肉质粉、口感细腻、味甜，品质优。

名称	叶形	叶色	叶上白斑	瓜形	瓜形指数	单瓜重/kg	老熟瓜皮色	老熟瓜肉色	生育期/天
源口扁南瓜	掌状	深绿色	多	磨盘形	0.55	1.43	橙黄色	黄色或深黄色	100～110

【利用价值】在当地种植 20 年以上，以食用老熟瓜为主，适合用作早熟、优质南瓜新品种选育的亲本。

4. 源口梨形南瓜

【**学名**】Cucurbitaceae（葫芦科）*Cucurbita*（南瓜属）*Cucurbita moschata*（中国南瓜）。

【**采集地**】广西桂林市灵川县潭下镇源口村。

【**主要特征特性**】该资源高抗白粉病，侧蔓分生能力强。

名称	叶形	叶色	叶上白斑	瓜形	瓜形指数	单瓜重/kg	老熟瓜皮色	老熟瓜肉色	生育期/天
源口梨形南瓜	掌状五角	绿色	中	梨形	1.14	8.80	橙黄色	浅黄色	120～130

【**利用价值**】在当地种植 10 年以上，食用嫩叶、嫩茎、花、嫩瓜和老瓜，是大果、高产、抗病南瓜或南瓜苗专用新品种选育的优异亲本。

5．奶子山南瓜

【**学名**】Cucurbitaceae（葫芦科）*Cucurbita*（南瓜属）*Cucurbita moschata*（中国南瓜）。

【**采集地**】广西桂林市灵川县三街镇潞江村奶子山屯。

【**主要特征特性**】该资源果实扁圆形，雌雄花开放早。

名称	叶形	叶色	叶上白斑	瓜形	瓜形指数	单瓜重/kg	老熟瓜皮色	老熟瓜肉色	生育期/天
奶子山南瓜	掌状	深绿色	中	扁圆形	0.55	4.29	橙黄色	浅黄色	90～100

【**利用价值**】在当地种植50年以上，食用嫩叶、嫩茎、花、嫩瓜和老瓜，可用于早熟南瓜新品种的选育。

6．阳朔小南瓜

【**学名**】Cucurbitaceae（葫芦科）*Cucurbita*（南瓜属）*Cucurbita moschata*（中国南瓜）。

【**采集地**】广西桂林市阳朔县。

【**主要特征特性**】该资源坐果能力强，每株坐果4～5个，老熟瓜肉质粉、口感细腻、味甜，品质优，高抗病毒病，耐高温，在南方夏秋高温季节可正常生长。

名称	叶形	叶色	叶上白斑	瓜形	瓜形指数	单瓜重/kg	老熟瓜皮色	老熟瓜肉色	生育期/天
阳朔小南瓜	掌状五角	深绿色	多	扁圆形、短棒状	0.75	1.39	橙黄色	深黄色	100～110

【**利用价值**】在当地种植10年以上，以食用老熟瓜为主，适合用作优质、耐热、抗病南瓜新品种选育的亲本。

7. 西山土南瓜

【学名】Cucurbitaceae（葫芦科）*Cucurbita*（南瓜属）*Cucurbita moschata*（中国南瓜）。

【采集地】广西桂林市灌阳县西山瑶族乡北江村。

【主要特征特性】该资源较耐低温，雌雄花开放早，果实转色迅速，着色均匀，外形美观，品质良好。

名称	叶形	叶色	叶上白斑	瓜形	瓜形指数	单瓜重/kg	老熟瓜皮色	老熟瓜肉色	生育期/天
西山土南瓜	掌状五角	深绿色	多	长筒形，顶部膨大	2.44	5.66	橙黄色	浅黄色或黄色	90～100

【利用价值】在当地种植 20 年以上，食用嫩叶、嫩茎、花、嫩瓜和老瓜，可用作早熟南瓜新品种选育的亲本。

8．西山南瓜

【学名】Cucurbitaceae（葫芦科）*Cucurbita*（南瓜属）*Cucurbita moschata*（中国南瓜）。

【采集地】广西桂林市灌阳县西山瑶族乡鹰嘴村。

【主要特征特性】该资源个别果实肉色深黄色，肉质细腻、味道甜美，品质优异。

名称	叶形	叶色	叶上白斑	瓜形	瓜形指数	单瓜重 /kg	老熟瓜皮色	老熟瓜肉色	生育期 / 天
西山南瓜	掌状	深绿色	多	长把梨形、梨形	1.39	2.78	橙黄色	浅黄色或深黄色	100～110

【利用价值】在当地种植 20 年以上，食用嫩叶、嫩茎、花、嫩瓜和老瓜，适合用作高品质南瓜新品种选育的亲本。

9. 下涧南瓜

【学名】Cucurbitaceae（葫芦科）*Cucurbita*（南瓜属）*Cucurbita moschata*（中国南瓜）。

【采集地点】广西桂林市灌阳县西山瑶族乡下涧村。

【主要特征特性】该资源属大果型南瓜，单瓜重 5.0kg 以上，雌雄花开放早，早熟性好。

名称	叶形	叶色	叶上白斑	瓜形	瓜形指数	单瓜重 /kg	老熟瓜皮色	老熟瓜肉色	生育期 / 天
下涧南瓜	掌状	深绿色	中	扁圆形	0.57	5.23	橙黄色	浅黄色、黄色	90～100

【利用价值】在当地种植 20 年以上，食用嫩叶、嫩茎、花、嫩瓜和老瓜，可用作早熟、大果型南瓜新品种选育的亲本。

10. 官庄南瓜

【学名】Cucurbitaceae（葫芦科）*Cucurbita*（南瓜属）*Cucurbita moschata*（中国南瓜）。

【采集地】广西桂林市灌阳县水车乡官庄村。

【主要特征特性】该资源果实形状多样，以梨形和扁圆形为主，其中扁圆形南瓜品质优异，肉质粉、味甜，并带有板栗香味。

名称	叶形	叶色	叶上白斑	瓜形	瓜形指数	单瓜重/kg	老熟瓜皮色	老熟瓜肉色	生育期/天
官庄南瓜	掌状五角	深绿色	多	扁圆形或梨形	0.74	2.30	橙黄色或绿色	浅黄色或深黄色	110～120

【利用价值】在当地种植 20 年以上，食用嫩叶、嫩茎、花、嫩瓜和老瓜，可用作优质南瓜新品种选育的亲本。

11.中村南瓜

【学名】Cucurbitaceae（葫芦科）*Cucurbita*（南瓜属）*Cucurbita moschata*（中国南瓜）。

【采集地】广西桂林市灌阳县水车乡官庄村中村屯。

【主要特征特性】该资源植株生长势旺盛，单瓜重 5.0kg 以上，果实转色迅速，着色均匀，品质良好。

名称	叶形	叶色	叶上白斑	瓜形	瓜形指数	单瓜重 /kg	老熟瓜皮色	老熟瓜肉色	生育期 / 天
中村南瓜	掌状五角	深绿色	少	扁圆形、近圆形	0.80	5.33	橙黄色	极浅黄色、黄色、深黄色	110～120

【利用价值】在当地种植 50 年以上，食用嫩叶、嫩茎、花、嫩瓜和老瓜，适于用作大果型南瓜新品种选育的亲本。

12．水头南瓜

【学名】Cucurbitaceae（葫芦科）*Cucurbita*（南瓜属）*Cucurbita moschata*（中国南瓜）。

【采集地】广西桂林市资源县瓜里乡水头村。

【主要特征特性】该资源植株生长势旺盛，雌花开放早，雌性强，第一雌花节位 15 节，以后每隔 4～5 节着生一朵雌花。

名称	叶形	叶色	叶上白斑	瓜形	瓜形指数	单瓜重 /kg	老熟瓜皮色	老熟瓜肉色	生育期 / 天
水头南瓜	掌状	绿色	少	长把梨形	2.29	3.43	橙黄色、绿色	黄色、深黄色	110～120

【利用价值】在当地种植 30 年以上，食用嫩叶、嫩茎、花、嫩瓜和老瓜，是选育早熟南瓜新品种的优良亲本。

13.金江南瓜

【学名】Cucurbitaceae（葫芦科）*Cucurbita*（南瓜属）*Cucurbita moschata*（中国南瓜）。

【采集地】广西桂林市资源县瓜里乡金江村。

【主要特征特性】该资源果实中等大小，个别果实品质优良，肉质粉、味甜，耐贫瘠、耐干旱。

名称	叶形	叶色	叶上白斑	瓜形	瓜形指数	单瓜重/kg	老熟瓜皮色	老熟瓜肉色	生育期/天
金江南瓜	掌状	深绿色	少	梨形、扁圆形、近圆形	0.95	3.78	橙黄色	浅黄色、黄色、深黄色	110～120

【利用价值】在当地种植 50 年以上，食用嫩叶、嫩茎、花、嫩瓜和老瓜，是蜜本类南瓜新品种选育的优良亲本。

14．黎村南瓜

【学名】Cucurbitaceae（葫芦科）*Cucurbita*（南瓜属）*Cucurbita moschata*（中国南瓜）。

【采集地】广西桂林市荔浦市蒲芦瑶族乡黎村村。

【主要特征特性】该资源属大果类型，单瓜重 10kg 以上，植株生长势旺，耐贫瘠、耐干旱，每亩产量在 4000kg 以上。

名称	叶形	叶色	叶上白斑	瓜形	瓜形指数	单瓜重 /kg	老熟瓜皮色	老熟瓜肉色	生育期 / 天
黎村南瓜	掌状	深绿色	中	长把梨形、梨形、扁圆形	2.14	10.73	橙黄色、深绿色	黄色、深黄色	110～120

【利用价值】在当地种植 10 年以上，食用嫩叶、嫩茎、花、嫩瓜和老瓜，适合用作大果型南瓜新品种选育的亲本。

15．花坪小蜜本

【学名】Cucurbitaceae（葫芦科）Cucurbita（南瓜属）Cucurbita moschata（中国南瓜）。

【采集地】广西桂林市龙胜各族自治县三门镇花坪村。

【主要特征特性】该资源品质优异，果实肉质粉、口感细腻、味甜，带板栗香味，植株耐高温，高抗病毒病，在南方夏秋高温季节可正常生长。

名称	叶形	叶色	叶上白斑	瓜形	瓜形指数	单瓜重/kg	老熟瓜皮色	老熟瓜肉色	生育期/天
花坪小蜜本	掌状五角	绿色	多	短棒状	1.69	2.20	橙黄色	黄色	100～110

【利用价值】在当地种植20年以上，以食用老熟瓜为主，适合用作优质南瓜新品种选育的亲本，也可用作病毒病抗性研究材料。

16．交其南瓜

【学名】Cucurbitaceae（葫芦科）*Cucurbita*（南瓜属）*Cucurbita moschata*（中国南瓜）。

【采集地】广西桂林市龙胜各族自治县三门镇交其村。

【主要特征特性】该资源属大果类型，单瓜重 7.5kg 以上，老熟瓜外形美观，着色均匀，个别果实品质优良，肉质粉、口感细腻、味甜。

名称	叶形	叶色	叶上白斑	瓜形	瓜形指数	单瓜重/kg	老熟瓜皮色	老熟瓜肉色	生育期/天
交其南瓜	掌状五角	深绿色	中	长颈圆筒形、梨形	2.12	7.58	橙黄色	黄色、深黄色	110～120

【利用价值】在当地种植 50 年以上，食用嫩叶、嫩茎、花、嫩瓜和老瓜，适合用作大果型优质南瓜新品种选育的亲本。

17．建新南瓜

【学名】Cucurbitaceae（葫芦科）Cucurbita（南瓜属）Cucurbita moschata（中国南瓜）。

【采集地】广西桂林市龙胜各族自治县江底乡建新村。

【主要特征特性】该资源肉质粉、口感细腻、味甜，植株生长势旺盛，雌雄花开放早，高抗白粉病，是优异的白粉病抗性基因来源材料。

名称	叶形	叶色	叶上白斑	瓜形	瓜形指数	单瓜重/kg	老熟瓜皮色	老熟瓜肉色	生育期/天
建新南瓜	掌状五角	深绿色	多	长把梨形、梨形	1.24	4.76	橙黄色	深黄色、黄色	110～120

【利用价值】在当地种植 30 年以上，食用嫩叶、嫩茎、花、嫩瓜和老瓜，可用于优质、早熟、抗白粉病南瓜新品种的选育，也可用作南瓜苗专用品种选育的亲本。

18．黄坪南瓜

【**学名**】Cucurbitaceae（葫芦科）*Cucurbita*（南瓜属）*Cucurbita moschata*（中国南瓜）。

【**采集地**】广西桂林市恭城瑶族自治县三江乡黄坪村。

【**主要特征特性**】该资源个别果实品质优异，肉质粉、口感细腻、味甜，带板栗香味。

名称	叶形	叶色	叶上白斑	瓜形	瓜形指数	单瓜重 /kg	老熟瓜皮色	老熟瓜肉色	生育期 / 天
黄坪南瓜	掌状五角	绿色	多	扁圆形、近圆形、梨形等	0.93	3.20	橙黄色	黄色或深黄色	100～110

【**利用价值**】在当地种植 10 年以上，以食用老熟瓜为主，适合用作高品质南瓜新品种选育的亲本。

19. 梅子坪南瓜

【学名】Cucurbitaceae（葫芦科）Cucurbita（南瓜属）Cucurbita moschata（中国南瓜）。

【采集地】广西桂林市恭城瑶族自治县莲花镇黄泥岗村梅子坪屯。

【主要特征特性】该资源为大果类型，单瓜重 6.0kg 以上，植株生长势旺盛，耐冷凉、耐贫瘠、耐干旱，个别果实肉质粉、口感细腻，品质优良。

名称	叶形	叶色	叶上白斑	瓜形	瓜形指数	单瓜重 /kg	老熟瓜皮色	老熟瓜肉色	生育期 / 天
梅子坪南瓜	掌状	深绿色	多	梨形、扁圆形	0.78	6.39	橙黄色、深绿色	浅黄色、黄色	110～120

【利用价值】在当地种植 100 年以上，食用嫩叶、嫩茎、花、嫩瓜和老瓜，适合用作大果型、优质南瓜新品种选育的亲本。

20. 竹根冲大南瓜

【学名】Cucurbitaceae（葫芦科）*Cucurbita*（南瓜属）*Cucurbita moschata*（中国南瓜）。

【采集地】广西桂林市恭城瑶族自治县三江乡洗脚岭村竹根冲屯。

【主要特征特性】该资源单瓜重 6.0kg 以上，每亩产量在 4000kg 以上，植株生长势旺盛，耐寒性强、耐贫瘠、耐干旱，高抗白粉病。

名称	叶形	叶色	叶上白斑	瓜形	瓜形指数	单瓜重 /kg	老熟瓜皮色	老熟瓜肉色	生育期 / 天
竹根冲大南瓜	掌状	深绿色	中	扁圆形、圆形	0.73	6.60	橙黄色	黄色	100～110

【利用价值】在当地种植 10 年以上，食用嫩叶、嫩茎、花、嫩瓜和老瓜，适合用作高产、高抗白粉病南瓜新品种选育的亲本。

21. 大地南瓜

【学名】Cucurbitaceae（葫芦科）*Cucurbita*（南瓜属）*Cucurbita moschata*（中国南瓜）。

【采集地】广西桂林市恭城瑶族自治县三江乡大地村。

【主要特征特性】该资源单瓜重 5.0kg 以上，雌雄花开放早。

名称	叶形	叶色	叶上白斑	瓜形	瓜形指数	单瓜重/kg	老熟瓜皮色	老熟瓜肉色	生育期/天
大地南瓜	掌状	绿色	少	梨形、扁圆形	0.91	5.69	橙黄色	浅黄色、黄色、深黄色	90～100

【利用价值】在当地种植 50 年以上，食用嫩叶、嫩茎、花、嫩瓜和老瓜，可用作早熟南瓜新品种选育的亲本。

22．五星南瓜

【**学名**】Cucurbitaceae（葫芦科）*Cucurbita*（南瓜属）*Cucurbita moschata*（中国南瓜）。

【**采集地**】广西桂林市全州县大西江镇五星村。

【**主要特征特性**】该资源为小果类型，坐果能力强，单瓜坐果4～5个，品质较优，肉质粉、口感细腻、味甜。

名称	叶形	叶色	叶上白斑	瓜形	瓜形指数	单瓜重/kg	老熟瓜皮色	老熟瓜肉色	生育期/天
五星南瓜	掌状五角	深绿色	中	梨形、扁圆形	0.69	1.77	橙黄色	黄色	110～120

【**利用价值**】在当地种植30年以上，食用嫩叶、嫩茎、花、嫩瓜和老瓜，可用作小果型优质南瓜新品种选育的亲本。

23．培秀南瓜

【学名】Cucurbitaceae（葫芦科）*Cucurbita*（南瓜属）*Cucurbita moschata*（中国南瓜）。

【采集地】广西柳州市融水苗族自治县安太乡培秀村。

【主要特征特性】该资源果实形状多样，老熟瓜肉色黄色或深黄色，品质优异，肉质粉、口感细腻、味甜，粗纤维含量少。

名称	叶形	叶色	叶上白斑	瓜形	瓜形指数	单瓜重/kg	老熟瓜皮色	老熟瓜肉色	生育期/天
培秀南瓜	掌状五角	深绿色	多	长弯圆筒形、长颈圆筒形、梨形、近圆形等	1.75	6.39	橙黄色或绿色	黄色或深黄色	100～110

【利用价值】在当地种植20年以上，食用嫩叶、嫩茎、花、嫩瓜和老瓜，可用作优质南瓜新品种选育的亲本。

24. 云姚南瓜

【**学名**】Cucurbitaceae（葫芦科）*Cucurbita*（南瓜属）*Cucurbita moschata*（中国南瓜）。

【**采集地**】广西南宁市上林县三里镇云姚村。

【**主要特征特性**】该资源为大果类型，植株生长势旺盛，高抗白粉病，每亩产量在4000kg以上。

名称	叶形	叶色	叶上白斑	瓜形	瓜形指数	单瓜重/kg	老熟瓜皮色	老熟瓜肉色	生育期/天
云姚南瓜	掌状五角	深绿色	多	扁圆形	0.51	5.58	橙黄色	橙黄色、黄色	120～130

【**利用价值**】在当地种植30年以上，食用嫩叶、嫩茎、花、嫩瓜和老瓜，适合用作高产、抗白粉病南瓜新品种选育的亲本。

25. 富罗南瓜

【学名】Cucurbitaceae（葫芦科）*Cucurbita*（南瓜属）*Cucurbita moschata*（中国南瓜）。

【采集地】广西贺州市昭平县富罗镇富罗村。

【主要特征特性】该资源植株生长势旺盛，侧蔓分生能力强，主侧蔓粗度可达1.0cm，耐寒性强，高抗白粉病。

名称	叶形	叶色	叶上白斑	瓜形	瓜形指数	单瓜重/kg	老熟瓜皮色	老熟瓜肉色	生育期/天
富罗南瓜	掌状五角	深绿色	多	扁圆形、梨形	0.58	4.55	橙黄色	深黄色	120～130

【利用价值】在当地种植20年以上，食用嫩叶、嫩茎、花、嫩瓜和老瓜，适宜用作南瓜苗专用品种或抗白粉病南瓜新品种选育的亲本。

26. 福登南瓜

【**学名**】Cucurbitaceae（葫芦科）*Cucurbita*（南瓜属）*Cucurbita moschata*（中国南瓜）。

【**采集地**】广西贺州市昭平县昭平镇福登村。

【**主要特征特性**】该资源单瓜重 5.0kg 以上，品质优良，肉质粉、口感细腻、味甜，耐冷凉，耐贫瘠，耐干旱。

名称	叶形	叶色	叶上白斑	瓜形	瓜形指数	单瓜重 /kg	老熟瓜皮色	老熟瓜肉色	生育期 / 天
福登南瓜	掌状五角	深绿色	多	梨形	0.64	5.28	橙黄色	深黄色	110～120

【**利用价值**】在当地种植 20 年以上，食用嫩叶、嫩茎、花、嫩瓜和老瓜，适合用作优质南瓜新品种或南瓜苗专用新品种选育的亲本。

27. 文竹南瓜

【学名】Cucurbitaceae（葫芦科）Cucurbita（南瓜属）Cucurbita moschata（中国南瓜）。

【采集地】广西贺州市昭平县文竹镇文竹村。

【主要特征特性】该资源果实长筒形，顶部膨大明显，品质优良，肉质粉、口感细腻、味较甜，早熟性好。

名称	叶形	叶色	叶上白斑	瓜形	瓜形指数	单瓜重/kg	老熟瓜皮色	老熟瓜肉色	生育期/天
文竹南瓜	掌状	深绿色	无或少	长筒形，顶部膨大	2.68	3.40	橙黄色	深黄色	100～110

【利用价值】在当地种植10年以上，以食用老熟瓜为主，可用作优质南瓜新品种选育的优良亲本。

28．井湾大南瓜

【学名】Cucurbitaceae（葫芦科）Cucurbita（南瓜属）Cucurbita moschata（中国南瓜）。

【采集地】广西贺州市富川瑶族自治县新华乡井湾村。

【主要特征特性】该资源单瓜重 8.0kg 以上，植株生长势旺盛，高抗白粉病，耐冷凉。

名称	叶形	叶色	叶上白斑	瓜形	瓜形指数	单瓜重/kg	老熟瓜皮色	老熟瓜肉色	生育期/天
井湾大南瓜	掌状五角	深绿色	无或少	圆形或近圆形等	0.88	8.19	橙黄色	浅黄色	110～120

【利用价值】在当地种植 20 年以上，食用嫩叶、嫩茎、花、嫩瓜和老瓜，适合用作南瓜苗专用品种选育的亲本和白粉病抗性基因的来源材料。

29. 坡吉南瓜

【学名】Cucurbitaceae（葫芦科）*Cucurbita*（南瓜属）*Cucurbita moschata*（中国南瓜）。

【采集地】广西百色市平果市同老乡享利村坡吉屯。

【主要特征特性】该资源果实扁圆形，单瓜重6.0kg以上，植株生长势旺盛，侧蔓分生能力强，主侧蔓较粗。

名称	叶形	叶色	叶上白斑	瓜形	瓜形指数	单瓜重/kg	老熟瓜皮色	老熟瓜肉色	生育期/天
坡吉南瓜	掌状五角	深绿色	多	扁圆形	0.61	6.74	橙黄色	橙黄色	120~130

【利用价值】在当地种植20年以上，食用嫩叶、嫩茎、花、嫩瓜和老瓜，适合用作大果型南瓜或南瓜苗专用新品种选育的亲本。

30．塘莲南瓜

【学名】Cucurbitaceae（葫芦科）*Cucurbita*（南瓜属）*Cucurbita moschata*（中国南瓜）。

【采集地】广西百色市平果市马头镇塘莲村。

【主要特征特性】该资源果实长把梨形，单瓜重 4.5kg 以上，植株生长势旺盛，高抗白粉病，产量高。

名称	叶形	叶色	叶上白斑	瓜形	瓜形指数	单瓜重 /kg	老熟瓜皮色	老熟瓜肉色	生育期 / 天
塘莲南瓜	掌状五角	深绿色	多	长把梨形	1.73	4.77	橙黄色	黄色	110～120

【利用价值】在当地种植 20 年以上，食用嫩叶、嫩茎、花、嫩瓜和老瓜，适合用作高产、抗白粉病新品种选育的亲本。

31. 介福南瓜

【学名】Cucurbitaceae（葫芦科）Cucurbita（南瓜属）*Cucurbita moschata*（中国南瓜）。

【采集地】广西百色市凌云县逻楼镇介福村。

【主要特征特性】该资源植株生长势旺盛，耐冷凉，高抗白粉病，是优异的白粉病抗性基因来源材料。

名称	叶形	叶色	叶上白斑	瓜形	瓜形指数	单瓜重/kg	老熟瓜皮色	老熟瓜肉色	生育期/天
介福南瓜	掌状五角	绿色	多	圆筒形、梨形、长把梨形、椭圆形	2.04	2.50	橙黄色	黄色或浅黄色	110～120

【利用价值】在当地种植 20 年以上，食用嫩叶、嫩茎、花、嫩瓜和老瓜，适合用作抗病南瓜新品种和南瓜苗专用品种选育的亲本。

32．平兰南瓜

【学名】Cucurbitaceae（葫芦科）Cucurbita（南瓜属）Cucurbita moschata（中国南瓜）。

【采集地】广西百色市凌云县伶站瑶族乡平兰村。

【主要特征特性】该资源果实近圆形，单瓜重约 4.0kg，植株生长势旺盛，抗病虫性强，高抗白粉病和病毒病。

名称	叶形	叶色	叶上白斑	瓜形	瓜形指数	单瓜重 /kg	老熟瓜皮色	老熟瓜肉色	生育期 / 天
平兰南瓜	掌状五角	深绿色	多	近圆形	0.91	4.02	橙黄色	浅黄色、黄色	110～120

【利用价值】在当地种植 60 年以上，食用嫩叶、嫩茎、花、嫩瓜和老瓜，可用作抗性基因研究、挖掘与利用的优异材料。

33．冷独南瓜

【**学名**】Cucurbitaceae（葫芦科）*Cucurbita*（南瓜属）*Cucurbita moschata*（中国南瓜）。

【**采集地**】广西百色市隆林各族自治县岩茶乡冷独村。

【**主要特征特性**】该资源果实形状多样，个别植株果实品质优良，果肉中淀粉、可溶性糖含量高，肉质细腻。

名称	叶形	叶色	叶上白斑	瓜形	瓜形指数	单瓜重/kg	老熟瓜皮色	老熟瓜肉色	生育期/天
冷独南瓜	掌状	深绿色	多	扁圆形、圆形或梨形	1.02	5.31	橙黄色	浅黄色或深黄色	110～120

【**利用价值**】在当地种植20年以上，食用嫩叶、嫩茎、花、嫩瓜和老瓜，适合用作优质南瓜新品种选育的亲本。

34. 者艾南瓜

【学名】Cucurbitaceae（葫芦科）*Cucurbita*（南瓜属）*Cucurbita moschata*（中国南瓜）。

【采集地】广西百色市隆林各族自治县岩茶乡者艾村。

【主要特征特性】该资源果实扁圆形，单瓜重 8.0kg 以上，植株生长势旺盛，侧蔓分生能力强，主侧蔓粗度在 1.0cm 以上，耐冷凉，高抗白粉病。

名称	叶形	叶色	叶上白斑	瓜形	瓜形指数	单瓜重 /kg	老熟瓜皮色	老熟瓜肉色	生育期 / 天
者艾南瓜	掌状五角	绿色	多	扁圆形	0.53	8.20	橙黄色	浅黄色	110～120

【利用价值】在当地种植 10 年以上，食用嫩叶、嫩茎、花、嫩瓜和老瓜，适合用作南瓜苗专用品种选育的亲本，或用于南瓜白粉病抗性基因的挖掘。

35．雅口南瓜

【学名】Cucurbitaceae（葫芦科）*Cucurbita*（南瓜属）*Cucurbita moschata*（中国南瓜）。

【采集地】广西百色市隆林各族自治县者保乡雅口村。

【主要特征特性】该资源果实形状多样，植株生长势旺盛，侧蔓分生能力强，主侧蔓粗度 9.71mm，高抗白粉病。

名称	叶形	叶色	叶上白斑	瓜形	瓜形指数	单瓜重/kg	老熟瓜皮色	老熟瓜肉色	生育期/天
雅口南瓜	掌状	深绿色	中	梨形、扁圆形	0.72	4.46	橙黄色	浅黄色、黄色	110～120

【利用价值】在当地种植 40 年以上，食用嫩叶、嫩茎、花、嫩瓜和老瓜，适合用作南瓜苗专用新品种选育的亲本。

36．板桥南瓜

【**学名**】Cucurbitaceae（葫芦科）*Cucurbita*（南瓜属）*Cucurbita moschata*（中国南瓜）。

【**采集地**】广西百色市西林县足别瑶族苗族乡板桥村。

【**主要特征特性**】该资源果实形状多样，雌雄花开放早，连续雌花着生能力强，高抗白粉病。

名称	叶形	叶色	叶上白斑	瓜形	瓜形指数	单瓜重/kg	老熟瓜皮色	老熟瓜肉色	生育期/天
板桥南瓜	掌状	绿色	中	扁圆形、圆形、梨形	0.90	4.23	橙黄色	黄色、浅黄色	110～120

【**利用价值**】在当地种植40年以上，食用嫩叶、嫩茎、花、嫩瓜和老瓜，适合用作早熟或抗白粉病南瓜新品种选育的亲本。

37. 上石南瓜

【学名】Cucurbitaceae（葫芦科）Cucurbita（南瓜属）*Cucurbita moschata*（中国南瓜）。

【采集地】广西崇左市凭祥市上石镇浦东村。

【主要特征特性】该资源果实长把梨形，植株抗病性强，高抗白粉病，是南瓜白粉病抗性基因的优良来源材料。

名称	叶形	叶色	叶上白斑	瓜形	瓜形指数	单瓜重/kg	老熟瓜皮色	老熟瓜肉色	生育期/天
上石南瓜	掌状	深绿色	多	长把梨形	1.97	2.00	橙黄色	浅黄色	120～130

【利用价值】在当地种植 20 年以上，食用嫩叶、嫩茎、花、嫩瓜和老瓜，适合用作抗白粉病南瓜新品种选育的亲本。

38. 逻瓦南瓜

【学名】Cucurbitaceae（葫芦科）*Cucurbita*（南瓜属）*Cucurbita moschata*（中国南瓜）。

【采集地】广西百色市乐业县逻沙乡逻瓦村。

【主要特征特性】该资源雌雄花开放早，果实转色快。

名称	叶形	叶色	叶上白斑	瓜形	瓜形指数	单瓜重/kg	老熟瓜皮色	老熟瓜肉色	生育期/天
逻瓦南瓜	掌状	深绿色	少	扁圆形	0.48	3.71	橙黄色	浅黄色	90～100

【利用价值】在当地种植 20 年以上，食用嫩叶、嫩茎、花、嫩瓜和老瓜，可用作早熟南瓜新品种选育的亲本。

39．平方南瓜

【学名】Cucurbitaceae（葫芦科）Cucurbita（南瓜属）Cucurbita moschata（中国南瓜）。

【采集地】广西河池市大化瑶族自治县北景乡平方村。

【主要特征特性】该资源植株抗病性、抗逆性强，高抗白粉病。

名称	叶形	叶色	叶上白斑	瓜形	瓜形指数	单瓜重/kg	老熟瓜皮色	老熟瓜肉色	生育期/天
平方南瓜	掌状	深绿色	中	圆形、扁圆形	0.91	4.02	橙黄色、绿色	浅黄色、黄色	120～130

【利用价值】在当地种植20年以上，食用嫩叶、嫩茎、花、嫩瓜和老瓜，可用作抗白粉病南瓜新品种选育的亲本。

40. 崇山南瓜

【学名】Cucurbitaceae（葫芦科）*Cucurbita*（南瓜属）*Cucurbita moschata*（中国南瓜）。

【采集地】广西河池市都安瑶族自治县隆福乡崇山村。

【主要特征特性】该南瓜生长势旺盛，高抗白粉病。

名称	叶形	叶色	叶上白斑	瓜形	瓜形指数	单瓜重/kg	老熟瓜皮色	老熟瓜肉色	生育期/天
崇山南瓜	掌状	深绿色	中	长弯圆筒形、扁圆形	1.64	3.80	橙黄色	极浅黄色	120~130

【利用价值】在当地种植 60 年以上，食用嫩叶、嫩茎、花、嫩瓜和老瓜，可用作南瓜苗专用品种选育的亲本。

第三节　黄瓜优异资源

1．长江黄瓜

【学名】Cucurbitaceae（葫芦科）*Cucumis*（黄瓜属）*Cucumis sativus*（黄瓜）。

【采集地】广西玉林市博白县江宁镇长江村。

【主要特征特性】该黄瓜强雄系，瓜表黑色刺瘤，抗霜霉病。

名称	瓜长 /cm	瓜横径 /cm	瓜把长 /cm	瓜肉厚 /cm	商品瓜皮色	瓜刺瘤稀密	单瓜重 /g	熟性
长江黄瓜	16.5	5.0	1.0	1.2	浅绿色	稀	112.2	中熟

【利用价值】该资源在当地种植 30 年以上，主要是春秋季在房前屋后种植，有时在旱地与叶菜类、茄果类蔬菜间套种，嫩瓜既可直接食用也可腌制成榨菜型瓜皮食用，可做抗霜霉病育种的亲本。

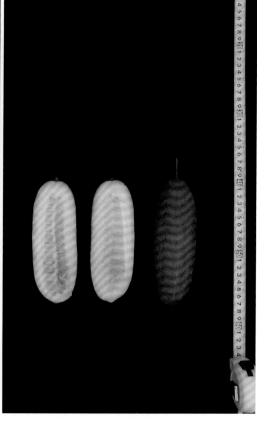

2. 那驮黄瓜

【**学名**】Cucurbitaceae（葫芦科）*Cucumis*（黄瓜属）*Cucumis sativus*（黄瓜）。

【**采集地**】广西钦州市灵山县太平镇那驮村。

【**主要特征特性**】该黄瓜强雄系，瓜表稀白刺瘤，抗枯萎病和白粉病。

名称	瓜长 /cm	瓜横径 /cm	瓜把长 /cm	瓜肉厚 /cm	商品瓜皮色	瓜刺瘤稀密	单瓜重 /g	熟性
那驮黄瓜	30.5	4.5	1.0	0.9	绿色	稀	108.5	早熟

【**利用价值**】该资源是当地长期种植的地方品种，以嫩瓜菜用，可做抗病育种的亲本。

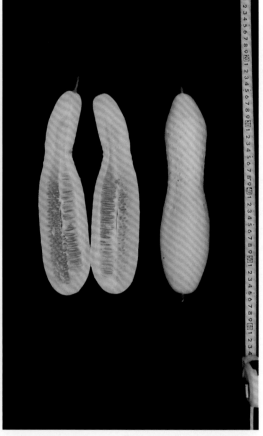

3. 临桂白石黄瓜

【**学名**】Cucurbitaceae（葫芦科）*Cucumis*（黄瓜属）*Cucumis sativus*（黄瓜）。

【**采集地**】广西桂林市临桂区宛田瑶族乡永安村白石屯。

【主要特征特性】该黄瓜强雄系，瓜表稀黑色刺瘤，耐旱，耐盐，耐贫瘠。

名称	瓜长 /cm	瓜横径 /cm	瓜把长 /cm	瓜肉厚 /cm	商品瓜皮色	瓜刺瘤稀密	单瓜重 /g	熟性
临桂白石黄瓜	14.8	6.5	0.5	1.3	白绿色	稀	88.2	早熟

【利用价值】该资源是当地长期种植的地方品种，通常4～7月种植，以嫩瓜菜用，可做抗逆育种的亲本。

4．渭密小黄瓜

【学名】Cucurbitaceae（葫芦科）*Cucumis*（黄瓜属）*Cucumis sativus*（黄瓜）。

【采集地】广西百色市田林县定安镇渭密村。

【主要特征特性】该黄瓜强雄系，瓜表稀褐色刺瘤，高产，可溶性固形物含量高，适应性强。

名称	瓜长 /cm	瓜横径 /cm	瓜把长 /cm	瓜肉厚 /cm	商品瓜皮色	瓜刺瘤稀密	单瓜重 /g	熟性
渭密小黄瓜	19.5	5.0	0.5	1.4	白绿色	稀	90.5	中熟

【利用价值】该资源是当地长期种植的地方品种，通常 3 月上旬至 6 月上旬种植，以嫩瓜作蔬菜和水果食用，可做丰产育种的亲本。

5. 平上黄瓜

【学名】Cucurbitaceae（葫芦科）*Cucumis*（黄瓜属）*Cucumis sativus*（黄瓜）。

【采集地】广西百色市西林县西平乡平上村。

【主要特征特性】该黄瓜强雄系，瓜表具白刺瘤且较密，高产、优质，耐热，耐贫瘠，抗病虫性强。

名称	瓜长/cm	瓜横径/cm	瓜把长/cm	瓜肉厚/cm	商品瓜皮色	瓜刺瘤稀密	单瓜重/g	熟性
平上黄瓜	24.8	4.5	0.5	1.1	绿色	较密	105.5	中熟

【利用价值】该资源是当地长期种植的地方品种，通常 5～9 月种植，以嫩瓜菜用，可做丰产优质育种的亲本。

6．回龙黄瓜

【学名】Cucurbitaceae（葫芦科）*Cucumis*（黄瓜属）*Cucumis sativus*（黄瓜）。

【采集地】广西梧州市蒙山县蒙山镇回龙村。

【主要特征特性】该黄瓜强雄系，瓜表具白刺瘤且稀，高产、优质，耐热，耐贫瘠，抗白粉病。

名称	瓜长 /cm	瓜横径 /cm	瓜把长 /cm	瓜肉厚 /cm	商品瓜皮色	瓜刺瘤稀密	单瓜重 /g	熟性
回龙黄瓜	20.0	4.5	0.5	1.1	白绿色	稀	91.3	中熟

【利用价值】该资源是当地长期种植的地方品种，通常5～9月种植，以嫩瓜菜用，可做丰产优质育种的亲本。

7. 两合黄瓜

【学名】Cucurbitaceae（葫芦科）*Cucumis*（黄瓜属）*Cucumis sativus*（黄瓜）。

【采集地】广西桂林市灵川县兰田瑶族乡两合村。

【主要特征特性】该黄瓜强雄系，瓜表稀褐色刺瘤，耐低温。

名称	瓜长 /cm	瓜横径 /cm	瓜把长 /cm	瓜肉厚 /cm	商品瓜皮色	瓜刺瘤稀密	单瓜重 /g	熟性
两合黄瓜	21.0	7.0	0.5	1.4	浅绿色	稀	96.0	早熟

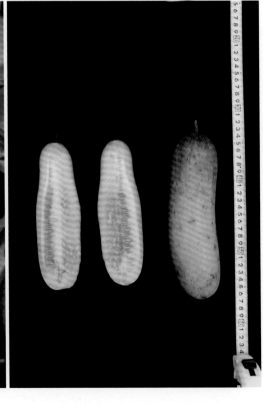

【利用价值】该资源是当地长期种植的地方品种，已种植 20 年以上，通常 4～7 月种植，以嫩瓜菜用，可做耐冷育种的亲本。

8．水头黄瓜

【学名】Cucurbitaceae（葫芦科）Cucumis（黄瓜属）Cucumis sativus（黄瓜）。

【采集地】广西桂林市资源县瓜里乡水头村。

【主要特征特性】该黄瓜强雄系，瓜表稀褐色刺瘤，耐低温。

名称	瓜长 /cm	瓜横径 /cm	瓜把长 /cm	瓜肉厚 /cm	商品瓜皮色	瓜刺瘤稀密	单瓜重 /g	熟性
水头黄瓜	32.0	6.9	3.0	1.3	浅绿色	稀	98.8	早熟

【利用价值】该资源是当地长期种植的地方品种，已种植 20 年以上，通常 4～7 月种植，以嫩瓜菜用，可做耐冷育种的亲本。

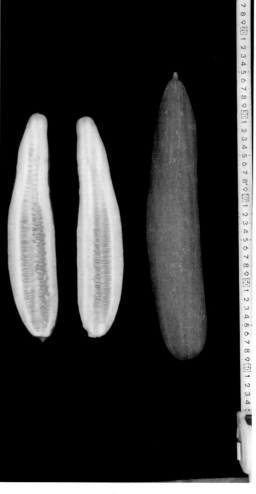

9. 晒禾坪黄瓜

【学名】Cucurbitaceae（葫芦科）*Cucumis*（黄瓜属）*Cucumis sativus*（黄瓜）。

【采集地】广西桂林市资源县瓜里乡水头村晒禾坪屯。

【主要特征特性】该黄瓜强雄系，瓜表稀褐色刺瘤，耐旱，耐贫瘠，抗霜霉病。

名称	瓜长 /cm	瓜横径 /cm	瓜把长 /cm	瓜肉厚 /cm	商品瓜皮色	瓜刺瘤稀密	单瓜重 /g	熟性
晒禾坪黄瓜	30.2	4.6	1.0	1.1	浅绿色	稀	99.6	中熟

【利用价值】该资源是当地长期种植的地方品种，通常 4～7 月种植，以嫩瓜菜用，可做抗逆育种的亲本。

10. 建新黄瓜

【学名】Cucurbitaceae（葫芦科）*Cucumis*（黄瓜属）*Cucumis sativus*（黄瓜）。

【采集地】广西桂林市龙胜各族自治县江底乡建新村。

【主要特征特性】该黄瓜强雄系，瓜表稀白刺瘤，耐旱，耐盐，耐贫瘠。

名称	瓜长 /cm	瓜横径 /cm	瓜把长 /cm	瓜肉厚 /cm	商品瓜皮色	瓜刺瘤稀密	单瓜重 /g	熟性
建新黄瓜	16.8	3.8	0.5	0.8	浅绿色	稀	65.2	中熟

【利用价值】该资源是当地长期种植的地方品种，通常 4～7 月种植，以嫩瓜菜用，可做抗逆育种的亲本。

11. 城岭黄瓜

【学名】Cucurbitaceae（葫芦科）*Cucumis*（黄瓜属）*Cucumis sativus*（黄瓜）。

【采集地】广西桂林市龙胜各族自治县江底乡城岭村。

【主要特征特性】该黄瓜强雄系，瓜表稀黑刺瘤，耐旱，耐贫瘠。

名称	瓜长 /cm	瓜横径 /cm	瓜把长 /cm	瓜肉厚 /cm	商品瓜皮色	瓜刺瘤稀密	单瓜重 /g	熟性
城岭黄瓜	13.8	4.5	0.5	1.1	浅绿色	稀	58.2	中熟

【利用价值】该资源是当地长期种植的地方品种，通常 4～7 月种植，以嫩瓜菜用，可做抗逆育种的亲本。

12. 龙胜白石黄瓜

【学名】Cucurbitaceae（葫芦科）*Cucumis*（黄瓜属）*Cucumis sativus*（黄瓜）。

【采集地】广西桂林市龙胜各族自治县龙脊镇白石村。

【主要特征特性】该黄瓜强雄系，瓜表稀黑刺瘤，耐旱，耐贫瘠。

名称	瓜长 /cm	瓜横径 /cm	瓜把长 /cm	瓜肉厚 /cm	商品瓜皮色	瓜刺瘤稀密	单瓜重 /g	熟性
龙胜白石黄瓜	13.5	3.7	0.5	0.8	白绿色	稀	55.6	早熟

【利用价值】该资源是当地长期种植的地方品种，通常 4～7 月种植，以嫩瓜菜用，可做抗逆育种的亲本。

13. 翻身黄瓜

【学名】Cucurbitaceae（葫芦科）*Cucumis*（黄瓜属）*Cucumis sativus*（黄瓜）。

【采集地】广西桂林市灌阳县灌阳镇翻身村。

【主要特征特性】该黄瓜强雄系，瓜表稀黑色刺瘤，味甜，耐旱，耐贫瘠。

名称	瓜长 /cm	瓜横径 /cm	瓜把长 /cm	瓜肉厚 /cm	商品瓜皮色	瓜刺瘤稀密	单瓜重 /g	熟性
翻身黄瓜	14.0	3.5	0.5	0.8	白绿色	稀	50.3	中熟

【利用价值】该资源是当地长期种植的地方品种，通常 4～8 月种植，以嫩瓜菜用，可做抗逆和高品质育种的亲本。

14. 板贡黄瓜

【学名】Cucurbitaceae（葫芦科）*Cucumis*（黄瓜属）*Cucumis sativus*（黄瓜）。

【采集地】广西柳州市柳城县太平镇板贡村。

【主要特征特性】该黄瓜强雄系，瓜表稀白刺瘤，味甜，耐旱，耐贫瘠，抗白粉病。

名称	瓜长 /cm	瓜横径 /cm	瓜把长 /cm	瓜肉厚 /cm	商品瓜皮色	瓜刺瘤稀密	单瓜重 /g	熟性
板贡黄瓜	18.5	4.5	0.5	1.1	白绿色	稀	98.6	中熟

【利用价值】该资源是当地长期种植的地方品种，通常 4～8 月种植，以嫩瓜菜用，可做抗逆和高品质育种的亲本。

15. 下冻黄瓜

【学名】Cucurbitaceae（葫芦科）*Cucumis*（黄瓜属）*Cucumis sativus*（黄瓜）。

【采集地】广西崇左市龙州县下冻镇扶伦村。

【**主要特征特性**】该黄瓜强雄系，瓜表稀白刺瘤，味甜，耐旱，耐贫瘠，抗白粉病和霜霉病。

名称	瓜长 /cm	瓜横径 /cm	瓜把长 /cm	瓜肉厚 /cm	商品瓜皮色	瓜刺瘤稀密	单瓜重 /g	熟性
下冻黄瓜	30.8	3.5	3.0	0.8	浅绿色	稀	112.2	中熟

【**利用价值**】该资源是当地长期种植的地方品种，通常 2～5 月种植，以嫩瓜菜用，可做品种栽培或抗逆和高品质育种的亲本。

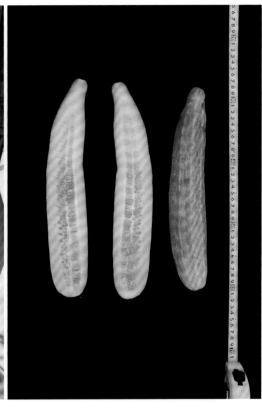

第四节 节瓜优异资源

1. 资源细心节瓜

【**学名**】Cucurbitaceae（葫芦科）*Benincasa*（冬瓜属）*Benincasa hispida* var. *chieh-qua*（节瓜）。

【采集地】广西桂林市资源县。

【主要特征特性】植株分枝性强，结瓜多。商品瓜细长，瓜腔小，有 2/3 的瓜长无种子，可食率高。老熟瓜面有蜡粉，瓜肉厚而紧实，口感脆甜，充分成熟后的老瓜在桂北自然条件下贮存半年不变酸。

名称	商品瓜	纵径 /cm	横径 /cm	肉厚 /cm	单瓜重 /kg	瓜形	皮色	瓜面蜡粉	肉色	熟性
资源细心节瓜	嫩瓜	78.5	5.5	2.1	2.7	长圆筒形	浅绿色	有	白色	晚熟
	老瓜	82.4	6.6	2.5	3.3					

【利用价值】在当地具有 50 年以上栽培历史，主要采收起蜡粉后充分成熟的老瓜，自然条件下贮存，以度秋淡。炒食、煲汤为主，可用作亲本选育高产、肉厚、瓜腔小、耐贮的高品质节瓜品种。

2. 铜座节瓜

【学名】Cucurbitaceae（葫芦科）*Benincasa*（冬瓜属）*Benincasa hispida* var. *chieh-qua*（节瓜）。

【采集地】广西桂林市资源县梅溪乡铜座村。

【主要特征特性】植株分枝性强，主侧蔓均结瓜。老熟瓜单瓜重较大，瓜面有蜡粉。抗霜霉病，抗虫，抗逆性强。

名称	商品瓜	纵径 /cm	横径 /cm	肉厚 /cm	单瓜重 /kg	瓜形	皮色	瓜面蜡粉	肉色	熟性
铜座节瓜	嫩瓜	23.5	11.0	1.1	1.4	短圆筒形	浅绿色	有	白色	晚熟
	老瓜	49.0	16.0	1.8	3.0					

【利用价值】在当地具有 30 年以上栽培历史，主要采收起蜡粉后充分成熟的老瓜，自然条件下贮存，以度秋淡。炒食、煲汤为主，可用作亲本选育抗逆节瓜品种。

3．金江短节瓜

【学名】Cucurbitaceae（葫芦科）*Benincasa*（冬瓜属）*Benincasa hispida* var. *chieh-qua*（节瓜）。

【采集地】广西桂林市资源县瓜里乡金江村。

【主要特征特性】植株分枝性强，主侧蔓均结瓜。商品瓜头尾大小均匀，瓜形美观。肉厚，老熟瓜果面蜡粉厚。充分成熟后的老瓜在桂北自然条件下能贮存数月，口感脆甜，抗逆性强。

名称	商品瓜	纵径/cm	横径/cm	肉厚/cm	单瓜重/kg	瓜形	皮色	瓜面蜡粉	肉色	熟性
金江短节瓜	嫩瓜	22.0	11.5	1.9	1.6	短圆筒形	浅绿色	有	白色	晚熟
	老瓜	25.7	14.6	2.5	2.6					

【利用价值】在当地具有 60 年以上栽培历史，主要采收起蜡粉后充分成熟的老瓜，自然条件下贮存，以度秋淡。炒食、煲汤为主，可用作亲本选育抗逆、耐贮的节瓜品种。

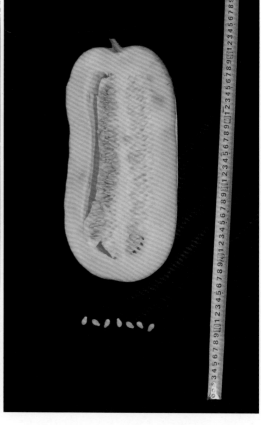

4．兴安节瓜

【**学名**】Cucurbitaceae（葫芦科）*Benincasa*（冬瓜属）*Benincasa hispida* var. *chieh-qua*（节瓜）。

【**采集地**】广西桂林市兴安县溪川乡长洲村。

【**主要特征特性**】植株分枝性强，主侧蔓均结瓜。商品瓜头尾均匀，肉厚，心腔小，抗逆性、耐贮性强。

名称	商品瓜	纵径 /cm	横径 /cm	肉厚 /cm	单瓜重 /kg	瓜形	皮色	瓜面蜡粉	肉色	熟性
兴安节瓜	嫩瓜	27.0	11.3	2.0	2.1	圆筒形	浅绿色	有	白色	晚熟
	老瓜	33.5	15.5	3.0	4.1					

【**利用价值**】在当地具有 10 年以上种植历史，嫩瓜、老瓜皆可食用，炒食、煲汤为主，可用作亲本选育抗逆、耐贮节瓜品种。

5．灌阳节瓜

【**学名**】Cucurbitaceae（葫芦科）*Benincasa*（冬瓜属）*Benincasa hispida* var. *chieh-qua*（节瓜）。

【**采集地**】广西桂林市灌阳县西山瑶族乡鹰嘴村。

【**主要特征特性**】植株分枝性强，主侧蔓均结瓜。商品瓜肉厚、肉质紧实，老熟商品瓜果面蜡粉厚，味甜，贮存数月不变酸，抗逆性强。

名称	商品瓜	纵径 /cm	横径 /cm	肉厚 /cm	单瓜重 /kg	瓜形	皮色	瓜面蜡粉	肉色	熟性
灌阳节瓜	嫩瓜	21.0	13.1	1.8	1.7	短圆筒形	浅绿色	有	白色	晚熟
	老瓜	24.5	16.0	2.8	2.8					

【**利用价值**】在当地具有 50 年以上种植历史，主要采收起蜡粉后充分成熟的老瓜，自然条件下贮存，以度秋淡。炒食、煲汤为主，可用作亲本选育抗逆、耐贮的节瓜品种。

6. 龙胜日字型节瓜

【**学名**】Cucurbitaceae（葫芦科）*Benincasa*（冬瓜属）*Benincasa hispida* var. *chieh-qua*（节瓜）。

【**采集地**】广西桂林市龙胜各族自治县江底乡建新村。

【**主要特征特性**】植株分枝性强，主侧蔓均结瓜。老熟瓜较大，肉厚，果面蜡粉厚。抗逆性强，耐贮。

名称	商品瓜	纵径/cm	横径/cm	肉厚/cm	单瓜重/kg	瓜形	皮色	瓜面蜡粉	肉色	熟性
龙胜日字型节瓜	嫩瓜	20.0	11.9	2.5	1.6	短圆筒形	浅绿色	有	白色	晚熟
	老瓜	27.0	18.6	2.6	4.1					

【**利用价值**】在当地具有 50 年以上栽培历史，主要采收起蜡粉后充分成熟的老瓜，自然条件下贮存，以度秋淡。炒食、煲汤为主，可用作亲本选育抗逆、耐贮的节瓜品种。

7．龙胜节瓜

【学名】Cucurbitaceae（葫芦科）*Benincasa*（冬瓜属）*Benincasa hispida* var. *chieh-qua*（节瓜）。

【采集地】广西桂林市龙胜各族自治县江底乡建新村。

【主要特征特性】植株分枝性强，主侧蔓均结瓜。商品瓜肉厚，老熟瓜果面蜡粉厚，贮存数月不变酸，口感脆甜，抗逆性强。

名称	商品瓜	纵径/cm	横径/cm	肉厚/cm	单瓜重/kg	瓜形	皮色	瓜面蜡粉	肉色	熟性
龙胜节瓜	嫩瓜	32.0	9.5	1.5	1.5	梨形	浅绿色	有	白色	晚熟
	老瓜	40.0	12.5	2.5	2.6					

【利用价值】在当地具有 30 年以上栽培历史，主要采收起蜡粉后充分成熟的老瓜，自然条件下贮存，以度秋淡。炒食、煲汤为主，可用作亲本选育抗逆、耐贮的节瓜品种。

8．隆林节瓜

【学名】Cucurbitaceae（葫芦科）*Benincasa*（冬瓜属）*Benincasa hispida* var. *chieh-qua*（节瓜）。

【采集地】广西百色市隆林各族自治县者保乡江同村。

【主要特征特性】植株分枝性强，主侧蔓均结瓜。商品瓜肉厚，抗逆性强，耐贮性强。

名称	商品瓜	纵径 /cm	横径 /cm	肉厚 /cm	单瓜重 /kg	瓜形	皮色	瓜面蜡粉	肉色	熟性
隆林节瓜	嫩瓜	18.0	10.0	1.5	1.2	圆筒形	浅绿色	有	白色	晚熟
	老瓜	24.0	19.7	3.9	3.9					

【利用价值】在当地具有 60 年以上栽培历史，主要采收起蜡粉后充分成熟的老瓜，自然条件下贮存，以度秋淡。炒食、煲汤为主，可用作亲本选育抗逆、耐贮的节瓜品种。

9. 隆林青皮节瓜

【学名】Cucurbitaceae（葫芦科）*Benincasa*（冬瓜属）*Benincasa hispida* var. *chieh-qua*（节瓜）。

【采集地】广西百色市隆林各族自治县德峨镇金平村。

【主要特征特性】植株分枝性强，主侧蔓均结瓜，叶片叶裂深。商品瓜肉厚，果面青绿色、无蜡粉。

名称	商品瓜	纵径/cm	横径/cm	肉厚/cm	单瓜重/kg	瓜形	皮色	瓜面蜡粉	肉色	熟性
隆林青皮节瓜	嫩瓜	20.0	12.0	2.0	1.6	圆筒形	浅绿色	无	白色	晚熟
	老瓜	22.0	13.0	2.0	2.2					

【利用价值】在当地具有20年以上栽培历史，主要采收充分成熟的老瓜，自然条件下贮存，以度秋淡。炒食、煲汤为主，可利用其叶片叶裂深作为标志性状加以利用，并可将其作为亲本选育无蜡粉优良品种。

10. 隆林圆节瓜

【学名】Cucurbitaceae（葫芦科）*Benincasa*（冬瓜属）*Benincasa hispida* var. *chieh-qua*（节瓜）。

【采集地】广西百色市隆林各族自治县岩茶乡者艾村。

【主要特征特性】植株长势旺，叶片叶裂深。果实圆形，商品瓜肉厚，抗逆性强，耐贮性强。

名称	商品瓜	纵径/cm	横径/cm	肉厚/cm	单瓜重/kg	瓜形	皮色	瓜面蜡粉	肉色	熟性
隆林圆节瓜	嫩瓜	17.5	14.0	2.1	2.1	短圆筒形	浅绿色	有	白色	晚熟
	老瓜	22.5	16.0	2.5	3.2					

【利用价值】在当地具有60年以上栽培历史，主要采收起蜡粉后充分成熟的老瓜，自然条件下贮存，以度秋淡。炒食、煲汤为主，可用作亲本来选育短瓜形节瓜品种，亦可将其叶片叶裂深作为标志性状加以利用。

11. 花贡毛节瓜

【学名】Cucurbitaceae（葫芦科）*Benincasa*（冬瓜属）*Benincasa hispida* var. *chieh-qua*（节瓜）。

【采集地】广西百色市西林县八达镇花贡村。

【主要特征特性】植株长势旺，主侧蔓均结瓜。老熟商品瓜肉厚、肉质紧实，瓜面蜡粉厚，贮存数月不变酸，口感脆甜，抗逆性强。

名称	商品瓜	纵径 /cm	横径 /cm	肉厚 /cm	单瓜重 /kg	瓜形	皮色	瓜面蜡粉	肉色	熟性
花贡毛节瓜	嫩瓜	19.6	11.7	2.0	1.6	梨形	浅绿色	有	白色	晚熟
	老瓜	23.3	15.5	2.8	2.5					

【利用价值】主要采收起蜡粉后充分成熟的老瓜，自然条件下贮存，以度秋淡。炒食、煲汤为主，可用作亲本选育抗逆、耐贮的节瓜品种。

12. 西林圆节瓜

【学名】Cucurbitaceae（葫芦科）*Benincasa*（冬瓜属）*Benincasa hispida* var. *chieh-qua*（节瓜）。

【采集地】广西百色市西林县古障镇周洞村。

【主要特征特性】植株分枝性强，主侧蔓均结瓜。商品瓜肉厚，自然条件下耐贮，贮存数月无酸味。抗病、抗逆性强。

名称	商品瓜	纵径 /cm	横径 /cm	肉厚 /cm	单瓜重 /kg	瓜形	皮色	瓜面蜡粉	肉色	熟性
西林圆节瓜	嫩瓜	21.4	18.6	2.7	2.3	短圆筒形	浅绿色	有	白色	晚熟
	老瓜	23.6	20.2	3.0	4.7					

【利用价值】主要采收起蜡粉后充分成熟的老瓜，自然条件下贮存，以度秋淡。炒食、煲汤为主，可用作亲本选育不同瓜长的节瓜品种。

13．融水节瓜

【**学名**】Cucurbitaceae（葫芦科）*Benincasa*（冬瓜属）*Benincasa hispida* var. *chieh-qua*（节瓜）。

【**采集地**】广西柳州市融水苗族自治县。

【**主要特征特性**】早熟，商品瓜头尾大小均匀，瓜型美观。充分成熟后的老瓜能自然贮存半年，口感脆甜。

名称	商品瓜	纵径 /cm	横径 /cm	肉厚 /cm	单瓜重 /kg	瓜形	皮色	瓜面蜡粉	肉色	熟性
融水节瓜	嫩瓜	30.2	8.0	2.3	1.6	圆筒形	绿色	有	白色	早熟
	老瓜	37.8	10.2	3.0	2.1					

【**利用价值**】主要采收起蜡粉后充分成熟的老瓜，自然条件下贮存，以度秋淡。炒食、煲汤为主，可利用其肉厚、瓜形美、耐贮等性状，选育耐贮、商品性好的节瓜品种。

14. 平方节瓜

【学名】Cucurbitaceae（葫芦科）*Benincasa*（冬瓜属）*Benincasa hispida* var. *chieh-qua*（节瓜）。

【采集地】广西河池市大化瑶族自治县北景乡平方村。

【主要特征特性】植株分枝性强，主侧蔓均结瓜。嫩瓜和老熟瓜均无蜡粉，瓜面光滑无棱沟。

名称	商品瓜	纵径 /cm	横径 /cm	肉厚 /cm	单瓜重 /kg	瓜形	皮色	瓜面蜡粉	肉色	熟性
平方节瓜	嫩瓜	28.0	12.0	2.6	2.2	短圆筒形	浅绿色	无	白色	晚熟
	老瓜	33.5	13.5	2.9	3.4					

【利用价值】主要采收充分成熟的老瓜，自然条件下贮存，以度秋淡。炒食、煲汤为主，可用作亲本选育绿皮无蜡粉的节瓜品种。

15．南丹节瓜

【学名】Cucurbitaceae（葫芦科）*Benincasa*（冬瓜属）*Benincasa hispida* var. *chieh-qua*（节瓜）。

【采集地】广西河池市南丹县月里镇纳塘村。

【主要特征特性】植株分枝性强，主侧蔓均结瓜。瓜面无棱沟，蜡粉厚。肉厚紧实，耐贮存，口感脆甜无酸味，抗逆性强。

名称	商品瓜	纵径 /cm	横径 /cm	肉厚 /cm	单瓜重 /kg	瓜形	皮色	瓜面蜡粉	肉色	熟性
南丹节瓜	嫩瓜	23.6	13.7	2.2	1.8	日字形	浅绿色	有	白色	晚熟
	老瓜	28.3	16.5	2.8	3.3					

【利用价值】主要采收起蜡粉后充分成熟的老瓜，自然条件下贮存，以度秋淡。炒食、煲汤为主，用作亲本选育瓜面光滑无棱沟、抗逆、耐贮的节瓜品种。

16. 凭祥节瓜

【学名】Cucurbitaceae（葫芦科）*Benincasa*（冬瓜属）*Benincasa hispida* var. *chieh-qua*（节瓜）。

【采集地】广西崇左市凭祥市上石镇练江村。

【主要特征特性】植株分枝性强，主侧蔓均结瓜。商品瓜单瓜质量大，肉厚，肉质紧实，老熟瓜蜡粉厚，味甜，贮存后不变酸，抗逆性强。

名称	商品瓜	纵径 /cm	横径 /cm	肉厚 /cm	单瓜重 /kg	瓜形	皮色	瓜面蜡粉	肉色	熟性
凭祥节瓜	嫩瓜	33.5	11.4	2.5	2.2	圆筒形	浅绿色	有	白色	晚熟
	老瓜	38.3	12.0	3.0	3.2					

【利用价值】主要采收起蜡粉后充分成熟的老瓜，自然条件下贮存，以度秋淡。炒食、煲汤为主，可用作亲本选育抗逆、耐贮的节瓜品种。

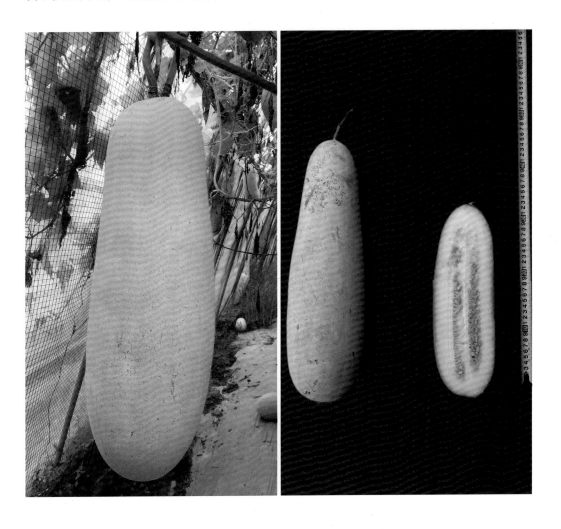

17. 大化节瓜

【学名】Cucurbitaceae（葫芦科）*Benincasa*（冬瓜属）*Benincasa hispida* var. *chieh-qua*（节瓜）。

【采集地】广西河池市大化瑶族自治县。

【主要特征特性】植株分枝性强，主侧蔓均结瓜。皮浅黄色，果面有蜡粉，肉厚。自然条件下耐贮，贮存数月无酸味，抗逆性强。

名称	商品瓜	纵径 /cm	横径 /cm	肉厚 /cm	单瓜重 /kg	瓜形	皮色	瓜面蜡粉	肉色	熟性
大化节瓜	嫩瓜	27.0	8.1	1.5	1.2	短圆筒形	浅黄色	有	白色	晚熟
	老瓜	36.0	11.7	2.5	2.9					

【利用价值】主要采收起蜡粉后充分成熟的老瓜，自然条件下贮存，以度秋淡。炒食、煲汤为主，可用作亲本选育耐贮、抗逆的节瓜品种。

18. 扶绥节瓜

【学名】Cucurbitaceae（葫芦科）Benincasa（冬瓜属）Benincasa hispida var. chieh-qua（节瓜）。

【采集地】广西崇左市扶绥县中东镇新灵村。

【主要特征特性】植株分枝性强，主侧蔓均结瓜。商品瓜短圆筒形，瓜头尾大小均匀，瓜形美观。肉厚、肉质紧实，老熟瓜蜡粉厚，味甜，耐贮存，抗逆性强。

名称	商品瓜	纵径 /cm	横径 /cm	肉厚 /cm	单瓜重 /kg	瓜形	皮色	瓜面蜡粉	肉色	熟性
扶绥节瓜	嫩瓜	26.0	10.0	2.6	1.5	短圆筒形	浅绿色	有	白色	晚熟
	老瓜	31.2	12.5	3.3	2.7					

【利用价值】主要采收起蜡粉后充分成熟的老瓜，自然条件下贮存，以度秋淡。炒食、煲汤为主，可用作亲本选育抗逆、耐贮、瓜形美观的节瓜品种。

19. 容县圆节瓜

【学名】Cucurbitaceae（葫芦科）*Benincasa*（冬瓜属）*Benincasa hispida* var. *chieh-qua*（节瓜）。

【采集地】广西玉林市容县。

【主要特征特性】植株分枝性强，主侧蔓均结瓜，结瓜多，产量高。商品瓜圆形，肉厚，肉质紧实，老熟瓜蜡粉厚，味甜，贮存后不变酸，抗病、抗逆性强。

名称	商品瓜	纵径/cm	横径/cm	肉厚/cm	单瓜重/kg	瓜形	皮色	瓜面蜡粉	肉色	熟性
容县圆节瓜	嫩瓜	19.4	19.6	2.7	3.8	圆形	浅绿色	有	白色	中熟
	老瓜	20.5	20.2	3.3	4.1					

【利用价值】主要采收起蜡粉后充分成熟的老瓜，自然条件下贮存，以度秋淡。炒食、煲汤为主，可用作亲本选育不同瓜长、高产、抗逆、耐贮的节瓜品种。

20. 容县绿皮节瓜

【学名】Cucurbitaceae（葫芦科）*Benincasa*（冬瓜属）*Benincasa hispida* var. *chieh-qua*（节瓜）。

【采集地】广西玉林市容县。

【主要特征特性】植株分枝性强，主侧蔓均结瓜，结瓜多，产量高。皮绿色、无蜡粉，肉厚、肉质紧实、味甜。

名称	商品瓜	纵径 /cm	横径 /cm	肉厚 /cm	单瓜重 /kg	瓜形	皮色	瓜面蜡粉	肉色	熟性
容县绿皮节瓜	嫩瓜	56.6	8.2	2.4	2.8	长圆筒形	绿色	无	白色	中熟
	老瓜	58.4	8.7	2.8	3.2					

【利用价值】主要采收充分成熟的老瓜，自然条件下贮存，以度秋淡。炒食、煲汤为主，可用作亲本选育无蜡粉的节瓜品种。

21. 博白节瓜

【学名】Cucurbitaceae（葫芦科）*Benincasa*（冬瓜属）*Benincasa hispida* var. *chieh-qua*（节瓜）。

【采集地】广西玉林市博白县江宁镇长江村。

【主要特征特性】植株分枝性强，主侧蔓均结瓜，结瓜多，产量高。肉厚，心腔小，抗逆性、耐贮性强。

名称	商品瓜	纵径/cm	横径/cm	肉厚/cm	单瓜重/kg	瓜形	皮色	瓜面蜡粉	肉色	熟性
博白节瓜	嫩瓜	30.0	7.3	2.1	1.8	圆筒形	浅绿色	有	白色	晚熟
	老瓜	43.8	9.8	3.0	2.5					

【利用价值】主要采收起蜡粉后充分成熟的老瓜，自然条件下贮存，以度秋淡。炒食、煲汤为主，可用作亲本选育肉厚、耐贮的节瓜品种。

第五节　丝瓜优异资源

1. 兰田丝瓜

【学名】Cucurbitaceae（葫芦科）*Luffa*（丝瓜属）*Luffa cylindrica*（普通丝瓜）。

【采集地】广西桂林市灵川县兰田瑶族乡。

【主要特征特性】该丝瓜资源长势旺，主侧蔓均可结瓜，品质优，抗枯萎病。

名称	叶形	叶色	商品瓜瓜形	瓜形指数	商品瓜单瓜重/kg	商品瓜皮色	商品瓜肉色	熟性
兰田丝瓜	掌状深裂	黄绿色	长圆筒形	4.81	0.17	黄绿色	黄白色	晚熟

【利用价值】在当地种植 10 年以上，一般取嫩瓜食用，也可取老瓜络用，可作为亲本用于丝瓜新品种或抗病瓜类砧木新品种选育。

2．公正丝瓜

【学名】Cucurbitaceae（葫芦科）*Luffa*（丝瓜属）*Luffa cylindrica*（普通丝瓜）。

【采集地】广西防城港市上思县公正乡公正村。

【主要特征特性】该丝瓜资源长势旺，主侧蔓均可结瓜，品质优，抗枯萎病。

名称	叶形	叶色	商品瓜瓜形	瓜形指数	商品瓜单瓜重/kg	商品瓜皮色	商品瓜肉色	熟性
公正丝瓜	掌状浅裂	深绿色	长圆筒形	4.81	0.17	黄色	黄绿色	晚熟

【利用价值】在当地种植 15 年以上，一般取嫩瓜食用，也可取老瓜络用，可作为亲本用于丝瓜新品种或抗病瓜类砧木新品种选育。

3. 木桐丝瓜

【学名】Cucurbitaceae（葫芦科）*Luffa*（丝瓜属）*Luffa cylindrica*（普通丝瓜）。

【采集地】广西柳州市柳城县大埔镇木桐村。

【主要特征特性】该丝瓜资源长势旺，主侧蔓均可结瓜，品质优，抗枯萎病。

名称	叶形	叶色	商品瓜瓜形	瓜形指数	商品瓜单瓜重/kg	商品瓜皮色	商品瓜肉色	熟性
木桐丝瓜	掌状深裂	深绿色	长圆筒形	5.53	0.19	绿色	白绿色	晚熟

【利用价值】在当地种植 12 年以上，一般取嫩瓜食用，也可取老瓜络用，可作为亲本用于丝瓜新品种或抗病瓜类砧木新品种选育。

4．洞浪丝瓜

【学名】Cucurbitaceae（葫芦科）*Luffa*（丝瓜属）*Luffa cylindrica*（普通丝瓜）。

【采集地】广西崇左市宁明县峙浪乡洞浪村。

【主要特征特性】该丝瓜资源长势旺，主侧蔓均可结瓜，品质优，抗枯萎病。

名称	叶形	叶色	商品瓜瓜形	瓜形指数	商品瓜单瓜重/kg	商品瓜皮色	商品瓜肉色	熟性
洞浪丝瓜	掌状深裂	深绿色	长圆筒形	4.32	0.23	黄绿色	白绿色	晚熟

【利用价值】在当地种植15年以上，一般取嫩瓜食用，也可取老瓜络用，可作为亲本用于丝瓜新品种或抗病瓜类砧木新品种选育。

5．蔗园丝瓜

【学名】Cucurbitaceae（葫芦科）*Luffa*（丝瓜属）*Luffa cylindrica*（普通丝瓜）。

【采集地】广西崇左市宁明县海渊镇蔗园村。

【主要特征特性】该丝瓜资源长势旺，主侧蔓均可结瓜，品质优，抗枯萎病。

名称	叶形	叶色	商品瓜瓜形	瓜形指数	商品瓜单瓜重/kg	商品瓜皮色	商品瓜肉色	熟性
蔗园丝瓜	掌状浅裂	深绿色	短圆筒形	3.44	0.22	黄绿色	白绿色	晚熟

【利用价值】在当地种植 15 年以上，一般取嫩瓜食用，也可取老瓜络用，可作为亲本用于丝瓜新品种或抗病瓜类砧木新品种选育。

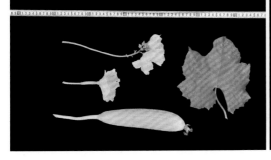
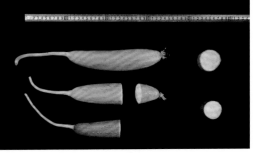

6．合洞丝瓜

【学名】Cucurbitaceae（葫芦科）*Luffa*（丝瓜属）*Luffa acutangula*（有棱丝瓜）。

【采集地】广西贺州市富川瑶族自治县葛坡镇合洞村。

【主要特征特性】该丝瓜资源长势旺，主侧蔓均可结瓜，品质优，抗枯萎病。

名称	叶形	叶色	商品瓜瓜形	瓜形指数	商品瓜单瓜重/kg	商品瓜皮色	商品瓜肉色	熟性
合洞丝瓜	掌状浅裂	绿色	有棱长条形	5.60	0.39	绿色	白绿色	晚熟

【利用价值】在当地种植 25 年以上，一般取嫩瓜食用，也可取老瓜络用，可作为亲本用于丝瓜新品种或抗病瓜类砧木新品种选育。

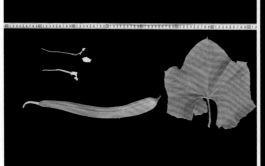

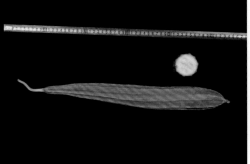

7. 水头丝瓜

【学名】Cucurbitaceae（葫芦科）*Luffa*（丝瓜属）*Luffa cylindrica*（普通丝瓜）。

【采集地】广西桂林市资源县瓜里乡水头村。

【主要特征特性】该丝瓜资源长势旺，主侧蔓均可结瓜，品质优，抗枯萎病。

名称	叶形	叶色	商品瓜瓜形	瓜形指数	商品瓜单瓜重/kg	商品瓜皮色	商品瓜肉色	熟性
水头丝瓜	掌状深裂	深绿色	长圆筒形	6.55	0.32	黄绿色	黄绿色	晚熟

【利用价值】在当地种植 10 年以上，为前人留下的地方品种，一般取嫩瓜食用，也可取老瓜络用，可作为亲本用于丝瓜新品种或抗病瓜类砧木新品种选育。

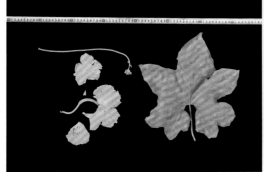

8. 黎村丝瓜

【**学名**】Cucurbitaceae（葫芦科）*Luffa*（丝瓜属）*Luffa cylindrica*（普通丝瓜）。

【**采集地**】广西桂林市荔浦市蒲芦瑶族乡黎村村。

【**主要特征特性**】该丝瓜资源长势旺，主侧蔓均可结瓜，品质优，抗枯萎病。

名称	叶形	叶色	商品瓜瓜形	瓜形指数	商品瓜单瓜重/kg	商品瓜皮色	商品瓜肉色	熟性
黎村丝瓜	掌状深裂	绿色	短圆筒形	5.70	0.30	黄绿色	白绿色	晚熟

【**利用价值**】在当地种植20年以上，为前人留下的地方品种，一般取嫩瓜食用，也可取老瓜络用，可作为亲本用于丝瓜新品种或抗病瓜类砧木新品种选育。

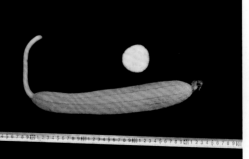

9. 对面岭丝瓜

【学名】Cucurbitaceae（葫芦科）*Luffa*（丝瓜属）*Luffa cylindrica*（普通丝瓜）。

【采集地】广西桂林市恭城瑶族自治县三江乡对面岭村。

【主要特征特性】该丝瓜资源长势旺，品质优，抗枯萎病。

名称	叶形	叶色	商品瓜瓜形	瓜形指数	商品瓜单瓜重/kg	商品瓜皮色	商品瓜肉色	熟性
对面岭丝瓜	掌状深裂	绿色	短圆筒形	4.63	0.30	黄绿色	白绿色	晚熟

【利用价值】在当地种植60年以上，一般取嫩瓜食用，也可取老瓜络用，可作为亲本用于丝瓜新品种或抗病瓜类砧木新品种选育。

10. 马槽丝瓜

【学名】Cucurbitaceae（葫芦科）*Luffa*（丝瓜属）*Luffa acutangula*（有棱丝瓜）。

【采集地】广西贺州市富川瑶族自治县葛坡镇马槽村。

【主要特征特性】该丝瓜资源长势旺，主侧蔓均可结瓜，品质优，抗枯萎病。

名称	叶形	叶色	商品瓜瓜形	瓜形指数	商品瓜单瓜重 /kg	商品瓜皮色	商品瓜肉色	熟性
马槽丝瓜	掌状浅裂	绿色	有棱长条形	4.64	0.23	绿色	白绿色	晚熟

【利用价值】在当地种植 15 年以上，一般取嫩瓜食用，也可取老瓜络用，可作为亲本用于丝瓜新品种或抗病瓜类砧木新品种选育。

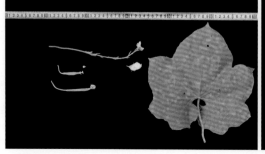

11. 江洲丝瓜

【学名】Cucurbitaceae（葫芦科）*Luffa*（丝瓜属）*Luffa acutangula*（有棱丝瓜）。

【采集地】广西桂林市灵川县潭下镇江洲村。

【主要特征特性】该丝瓜资源长势旺，主侧蔓均可结瓜，品质优，抗枯萎病。

名称	叶形	叶色	商品瓜瓜形	瓜形指数	商品瓜单瓜重/kg	商品瓜皮色	商品瓜肉色	熟性
江洲丝瓜	掌状浅裂	绿色	有棱长条形	5.09	0.27	绿色	白绿色	晚熟

【利用价值】在当地种植15年以上，一般取嫩瓜食用，也可取老瓜络用，可作为亲本用于丝瓜新品种或抗病瓜类砧木新品种选育。

12．鱼塘丝瓜

【学名】Cucurbitaceae（葫芦科）*Luffa*（丝瓜属）*Luffa acutangula*（有棱丝瓜）。

【采集地】广西桂林市灌阳县灌阳镇鱼塘村。

【主要特征特性】该丝瓜资源长势旺，主侧蔓均可结瓜，品质优，抗枯萎病。

名称	叶形	叶色	商品瓜瓜形	瓜形指数	商品瓜单瓜重/kg	商品瓜皮色	商品瓜肉色	熟性
鱼塘丝瓜	掌状浅裂	绿色	有棱长条形	4.01	0.31	绿色	白绿色	晚熟

【利用价值】在当地种植 20 年以上，一般取嫩瓜食用，也可取老瓜络用，可作为亲本用于丝瓜新品种或抗病瓜类砧木新品种选育。

13. 桂东丝瓜

【学名】Cucurbitaceae（葫芦科）*Luffa*（丝瓜属）*Luffa acutangula*（有棱丝瓜）。

【采集地】广西桂林市荔浦市新坪镇桂东村。

【主要特征特性】该丝瓜资源长势旺，主侧蔓均可结瓜，品质优，抗枯萎病。

名称	叶形	叶色	商品瓜瓜形	瓜形指数	商品瓜单瓜重/kg	商品瓜皮色	商品瓜肉色	熟性
桂东丝瓜	掌状浅裂	绿色	有棱长条形	5.27	0.30	绿色	白绿色	晚熟

【利用价值】在当地种植30年以上，一般取嫩瓜食用，也可取老瓜络用，可作为亲本用于丝瓜新品种或抗病瓜类砧木新品种选育。

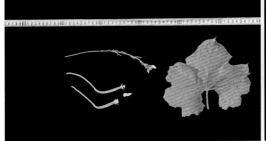
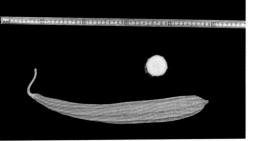

14. 龙岗丝瓜

【学名】Cucurbitaceae（葫芦科）*Luffa*（丝瓜属）*Luffa acutangula*（有棱丝瓜）。

【采集地】广西桂林市恭城瑶族自治县西岭镇龙岗村。

【主要特征特性】该丝瓜资源长势旺，主侧蔓均可结瓜，品质优，抗枯萎病。

名称	叶形	叶色	商品瓜瓜形	瓜形指数	商品瓜单瓜重/kg	商品瓜皮色	商品瓜肉色	熟性
龙岗丝瓜	掌状浅裂	绿色	有棱长条形	5.94	0.37	绿色	白绿色	晚熟

【利用价值】在当地种植 40 年以上，一般取嫩瓜食用，也可取老瓜络用，可作为亲本用于丝瓜新品种或抗病瓜类砧木新品种选育。

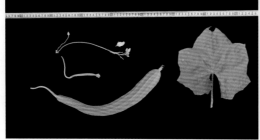 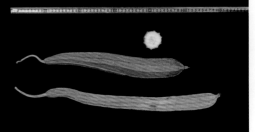

15．南屏丝瓜

【学名】Cucurbitaceae（葫芦科）*Luffa*（丝瓜属）*Luffa cylindrica*（普通丝瓜）。

【采集地】广西防城港市上思县南屏瑶族乡汪乐村。

【主要特征特性】该丝瓜资源长势旺，主侧蔓均可结瓜，品质优，抗枯萎病。

名称	叶形	叶色	商品瓜瓜形	瓜形指数	商品瓜单瓜重/kg	商品瓜皮色	商品瓜肉色	熟性
南屏丝瓜	掌状浅裂	深绿色	短圆筒形	4.75	0.18	黄绿色	白绿色	晚熟

【利用价值】在当地种植 30 年以上，一般取嫩瓜食用，也可取老瓜络用，可作为亲本用于丝瓜新品种或抗病瓜类砧木新品种选育。

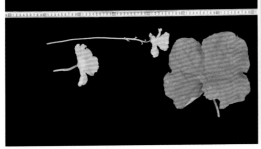

16. 庆云丝瓜

【学名】Cucurbitaceae（葫芦科）*Luffa*（丝瓜属）*Luffa acutangula*（有棱丝瓜）。

【采集地】广西桂林市荔浦市龙怀乡庆云村。

【主要特征特性】该丝瓜资源长势旺，主侧蔓均可结瓜，品质优，抗枯萎病。

名称	叶形	叶色	商品瓜瓜形	瓜形指数	商品瓜单瓜重/kg	商品瓜皮色	商品瓜肉色	熟性
庆云丝瓜	掌状浅裂	绿色	有棱长条形	4.33	0.29	黄绿色	白绿色	晚熟

【利用价值】在当地种植10年以上，一般取嫩瓜食用，也可取老瓜络用，可作为亲本用于丝瓜新品种或抗病瓜类砧木新品种选育。

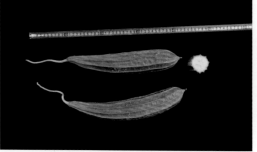

17. 北江丝瓜

【学名】Cucurbitaceae（葫芦科）*Luffa*（丝瓜属）*Luffa acutangula*（有棱丝瓜）。

【采集地】广西桂林市灌阳县西山瑶族乡北江村。

【主要特征特性】该丝瓜资源长势旺，主侧蔓均可结瓜，品质优，抗枯萎病。

名称	叶形	叶色	商品瓜瓜形	瓜形指数	商品瓜单瓜重/kg	商品瓜皮色	商品瓜肉色	熟性
北江丝瓜	掌状浅裂	绿色	有棱长条形	6.38	0.36	绿色	白绿色	晚熟

【利用价值】在当地种植 16 年以上，一般取嫩瓜食用，也可取老瓜络用，可作为亲本用于丝瓜新品种或抗病瓜类砧木新品种选育。

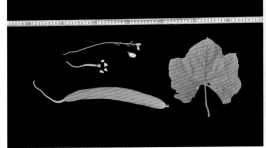
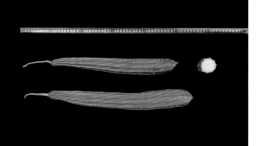

18．蚌贝丝瓜

【**学名**】Cucurbitaceae（葫芦科）*Luffa*（丝瓜属）*Luffa acutangula*（有棱丝瓜）。

【**采集地**】广西贺州市富川瑶族自治县朝东镇蚌贝村。

【**主要特征特性**】该丝瓜资源长势旺，主侧蔓均可结瓜，品质优，抗枯萎病。

名称	叶形	叶色	商品瓜瓜形	瓜形指数	商品瓜单瓜重/kg	商品瓜皮色	商品瓜肉色	熟性
蚌贝丝瓜	掌状浅裂	绿色	有棱长条形	3.79	0.25	黄绿色	白绿色	中熟

【**利用价值**】在当地种植 12 年以上，一般取嫩瓜食用，也可取老瓜络用，可作为亲本用于丝瓜新品种或抗病瓜类砧木新品种选育。

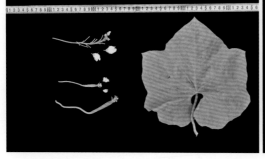
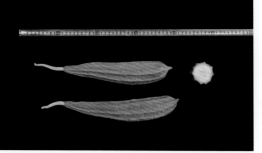

19. 平方丝瓜

【学名】Cucurbitaceae（葫芦科）*Luffa*（丝瓜属）*Luffa cylindrica*（普通丝瓜）。

【采集地】广西河池市大化瑶族自治县北景乡平方村。

【主要特征特性】该丝瓜资源长势旺，主侧蔓均可结瓜，品质优，抗枯萎病。

名称	叶形	叶色	商品瓜瓜形	瓜形指数	商品瓜单瓜重/kg	商品瓜皮色	商品瓜肉色	熟性
平方丝瓜	掌状深裂	绿色	短棒形	3.16	0.14	黄绿色	白绿色	晚熟

【利用价值】在当地种植16年以上，一般取嫩瓜食用，也可取老瓜络用，可作为亲本用于丝瓜新品种或抗病瓜类砧木新品种选育。

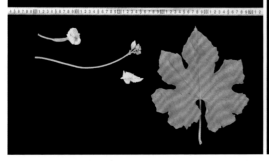

20. 那布丝瓜

【学名】Cucurbitaceae（葫芦科）*Luffa*（丝瓜属）*Luffa cylindrica*（普通丝瓜）。

【采集地】广西防城港市上思县叫安乡那布村。

【主要特征特性】该丝瓜资源长势旺，主侧蔓均可结瓜，品质优，抗枯萎病。

名称	叶形	叶色	商品瓜瓜形	瓜形指数	商品瓜单瓜重/kg	商品瓜皮色	商品瓜肉色	熟性
那布丝瓜	掌状深裂	深绿色	短棒形	6.05	0.18	黄绿色	白绿色	晚熟

【利用价值】在当地种植 50 年以上，一般取嫩瓜食用，也可取老瓜络用，可作为亲本用于丝瓜新品种或抗病瓜类砧木新品种选育。

 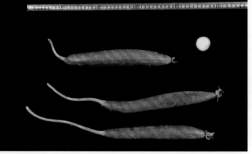

21．那洪丝瓜

【学名】Cucurbitaceae（葫芦科）*Luffa*（丝瓜属）*Luffa cylindrica*（普通丝瓜）。

【采集地】广西百色市凌云县玉洪瑶族乡那洪村。

【主要特征特性】该丝瓜资源长势旺，主侧蔓均可结瓜，品质优，抗枯萎病。

名称	叶形	叶色	商品瓜瓜形	瓜形指数	商品瓜单瓜重/kg	商品瓜皮色	商品瓜肉色	熟性
那洪丝瓜	掌状深裂	深绿色	短棒形	4.24	0.15	黄绿色	白绿色	晚熟

【利用价值】在当地种植 20 年以上，一般取嫩瓜食用，也可取老瓜络用，可作为亲本用于丝瓜新品种或抗病瓜类砧木新品种选育。

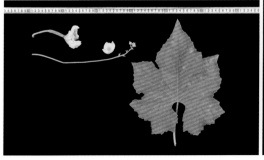
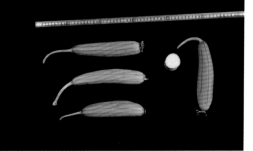

22. 敏村丝瓜

【学名】Cucurbitaceae（葫芦科）*Luffa*（丝瓜属）*Luffa cylindrica*（普通丝瓜）。

【采集地】广西百色市凌云县逻楼镇敏村村。

【主要特征特性】该丝瓜资源长势旺，主侧蔓均可结瓜，品质优，抗枯萎病。

名称	叶形	叶色	商品瓜瓜形	瓜形指数	商品瓜单瓜重/kg	商品瓜皮色	商品瓜肉色	熟性
敏村丝瓜	掌状浅裂	深绿色	短棒形	4.15	0.13	黄绿色	白绿色	晚熟

【利用价值】在当地种植 50 年以上，一般取嫩瓜食用，也可取老瓜络用，可作为亲本用于丝瓜新品种或抗病瓜类砧木新品种选育。

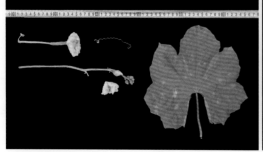
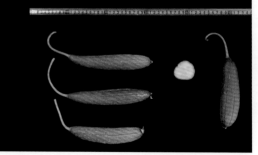

23．常青丝瓜

【学名】Cucurbitaceae（葫芦科）*Luffa*（丝瓜属）*Luffa cylindrica*（普通丝瓜）。

【采集地】广西河池市大化瑶族自治县乙圩乡常怀村常青屯。

【主要特征特性】该丝瓜资源长势旺，主侧蔓均可结瓜，品质优，抗枯萎病。

名称	叶形	叶色	商品瓜瓜形	瓜形指数	商品瓜单瓜重/kg	商品瓜皮色	商品瓜肉色	熟性
常青丝瓜	掌状深裂	深绿色	短棒形	3.21	0.12	黄绿色	白绿色	晚熟

【利用价值】在当地种植 13 年以上，一般取嫩瓜食用，也可取老瓜络用，可作为亲本用于丝瓜新品种或抗病瓜类砧木新品种选育。

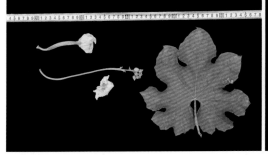

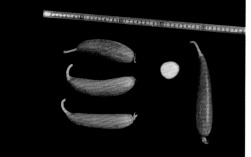

24. 榜上丝瓜

【**学名**】Cucurbitaceae（葫芦科）*Luffa*（丝瓜属）*Luffa cylindrica*（普通丝瓜）。

【**采集地**】广西桂林市兴安县漠川乡榜上村。

【**主要特征特性**】该丝瓜资源长势旺，主侧蔓均可结瓜，品质优，抗枯萎病。

名称	叶形	叶色	商品瓜瓜形	瓜形指数	商品瓜单瓜重/kg	商品瓜皮色	商品瓜肉色	熟性
榜上丝瓜	掌状深裂	深绿色	长圆筒形	6.27	0.22	黄绿色	白绿色	晚熟

【**利用价值**】在当地种植 15 年以上，一般取嫩瓜食用，也可取老瓜络用，可作为亲本用于丝瓜新品种或抗病瓜类砧木新品种选育。

25．央律丝瓜

【**学名**】Cucurbitaceae（葫芦科）*Luffa*（丝瓜属）*Luffa cylindrica*（普通丝瓜）。

【**采集地**】广西百色市田阳区坡洪镇央律村。

【**主要特征特性**】该丝瓜资源长势旺，主侧蔓均可结瓜，品质优，抗枯萎病。

名称	叶形	叶色	商品瓜瓜形	瓜形指数	商品瓜单瓜重/kg	商品瓜皮色	商品瓜肉色	熟性
央律丝瓜	掌状浅裂	深绿色	短棒形	3.17	0.12	黄绿色	白绿色	晚熟

【**利用价值**】在当地种植 15 年以上，一般取嫩瓜食用，也可取老瓜络用，可作为亲本用于丝瓜新品种或抗病瓜类砧木新品种选育。

26．逻瓦丝瓜

【**学名**】Cucurbitaceae（葫芦科）*Luffa*（丝瓜属）*Luffa cylindrica*（普通丝瓜）。

【**采集地**】广西百色市乐业县逻沙乡逻瓦村。

【**主要特征特性**】该丝瓜资源长势旺，主侧蔓均可结瓜，品质优，抗枯萎病。

名称	叶形	叶色	商品瓜瓜形	瓜形指数	商品瓜单瓜重/kg	商品瓜皮色	商品瓜肉色	熟性
逻瓦丝瓜	掌状浅裂	深绿色	短棒形	4.26	0.17	黄绿色	黄绿色	晚熟

【**利用价值**】在当地种植 18 年以上，为前人留下的地方品种，一般取嫩瓜食用，也可取老瓜络用，可作为亲本用于丝瓜新品种或抗病瓜类砧木新品种选育。

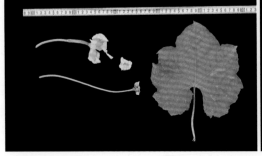

27．城岭丝瓜

【**学名**】Cucurbitaceae（葫芦科）*Luffa*（丝瓜属）*Luffa cylindrica*（普通丝瓜）。

【**采集地**】广西桂林市龙胜各族自治县江底乡城岭村。

【**主要特征特性**】该丝瓜资源长势旺，主侧蔓均可结瓜，品质优，抗枯萎病。

名称	叶形	叶色	商品瓜瓜形	瓜形指数	商品瓜单瓜重 /kg	商品瓜皮色	商品瓜肉色	熟性
城岭丝瓜	掌状深裂	深绿色	长圆筒形	5.33	0.34	黄绿色	白绿色	晚熟

【**利用价值**】在当地种植 50 年以上，一般取嫩瓜食用，也可取老瓜络用，可作为亲本用于丝瓜新品种或抗病瓜类砧木新品种选育。

28．大地丝瓜

【**学名**】Cucurbitaceae（葫芦科）*Luffa*（丝瓜属）*Luffa cylindrica*（普通丝瓜）。

【**采集地**】广西桂林市恭城瑶族自治县三江乡大地村。

【**主要特征特性**】该丝瓜资源长势旺，主侧蔓均可结瓜，品质优，抗枯萎病。

名称	叶形	叶色	商品瓜瓜形	瓜形指数	商品瓜单瓜重/kg	商品瓜皮色	商品瓜肉色	熟性
大地丝瓜	掌状深裂	深绿色	长圆筒形	6.48	0.30	黄绿色	白绿色	晚熟

【**利用价值**】在当地种植 70 年以上，一般取嫩瓜食用，也可取老瓜络用，可作为亲本用于丝瓜新品种或抗病瓜类砧木新品种选育。

29. 那宁丝瓜

【学名】Cucurbitaceae（葫芦科）*Luffa*（丝瓜属）*Luffa cylindrica*（普通丝瓜）。

【采集地】广西南宁市宾阳县甘棠镇那宁村。

【主要特征特性】该丝瓜资源长势旺，主侧蔓均可结瓜，品质优，抗枯萎病。

名称	叶形	叶色	商品瓜瓜形	瓜形指数	商品瓜单瓜重/kg	商品瓜皮色	商品瓜肉色	熟性
那宁丝瓜	掌状深裂	深绿色	短棒形	3.45	0.20	黄绿色	白绿色	晚熟

【利用价值】在当地种植 16 年以上，一般取嫩瓜食用，也可取老瓜络用，可作为亲本用于丝瓜新品种或抗病瓜类砧木新品种选育。

30．寻旺丝瓜

【学名】Cucurbitaceae（葫芦科）*Luffa*（丝瓜属）*Luffa cylindrica*（普通丝瓜）。

【采集地】广西贵港市桂平市寻旺乡寻旺村。

【主要特征特性】该丝瓜资源长势旺，主侧蔓均可结瓜，品质优，抗枯萎病。

名称	叶形	叶色	商品瓜瓜形	瓜形指数	商品瓜单瓜重/kg	商品瓜皮色	商品瓜肉色	熟性
寻旺丝瓜	掌状浅裂	深绿色	长圆筒形	5.80	0.26	黄绿色	白绿色	晚熟

【利用价值】在当地种植12年以上，一般取嫩瓜食用，也可取老瓜络用，可作为亲本用于丝瓜新品种或抗病瓜类砧木新品种选育。

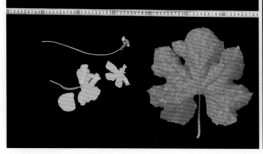

31．百豪丝瓜

【学名】Cucurbitaceae（葫芦科）*Luffa*（丝瓜属）*Luffa cylindrica*（普通丝瓜）。

【采集地】广西河池市东兰县东兰镇百豪村。

【主要特征特性】该丝瓜资源长势旺，主侧蔓均可结瓜，品质优，抗枯萎病。

名称	叶形	叶色	商品瓜瓜形	瓜形指数	商品瓜单瓜重/kg	商品瓜皮色	商品瓜肉色	熟性
百豪丝瓜	掌状深裂	深绿色	短棒形	4.00	0.24	黄绿色	白绿色	晚熟

【利用价值】在当地种植10年以上，一般取嫩瓜食用，也可取老瓜络用，可作为亲本用于丝瓜新品种或抗病瓜类砧木新品种选育。

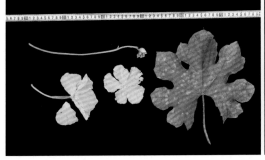

32．规迪丝瓜

【**学名**】Cucurbitaceae（葫芦科）*Luffa*（丝瓜属）*Luffa cylindrica*（普通丝瓜）。

【**采集地**】广西百色市那坡县百南乡规迪村。

【**主要特征特性**】该丝瓜资源长势旺，主侧蔓均可结瓜，品质优，抗枯萎病。

名称	叶形	叶色	商品瓜瓜形	瓜形指数	商品瓜单瓜重/kg	商品瓜皮色	商品瓜肉色	熟性
规迪丝瓜	掌状浅裂	深绿色	短棒形	2.71	0.10	黄绿色	白绿色	晚熟

【**利用价值**】在当地种植 30 年以上，一般取嫩瓜食用，也可取老瓜络用，可作为亲本用于丝瓜新品种或抗病瓜类砧木新品种选育。

33. 更新丝瓜

【学名】Cucurbitaceae（葫芦科）*Luffa*（丝瓜属）*Luffa cylindrica*（普通丝瓜）。

【采集地】广西河池市天峨县更新乡更新村。

【主要特征特性】该丝瓜资源长势旺，主侧蔓均可结瓜，品质优，抗枯萎病。

名称	叶形	叶色	商品瓜瓜形	瓜形指数	商品瓜单瓜重/kg	商品瓜皮色	商品瓜肉色	熟性
更新丝瓜	掌状浅裂	深绿色	短棒形	3.28	0.20	黄绿色	白绿色	晚熟

【利用价值】在当地种植 20 年以上，一般取嫩瓜食用，也可取老瓜络用，可作为亲本用于丝瓜新品种或抗病瓜类砧木新品种选育。

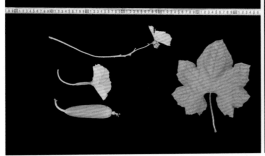

34．柳江丝瓜

【学名】Cucurbitaceae（葫芦科）*Luffa*（丝瓜属）*Luffa cylindrica*（普通丝瓜）。

【采集地】广西柳州市柳江区。

【主要特征特性】该丝瓜资源长势旺，品质优，抗枯萎病。

名称	叶形	叶色	商品瓜瓜形	瓜形指数	商品瓜单瓜重 /kg	商品瓜皮色	商品瓜肉色	熟性
柳江丝瓜	掌状浅裂	深绿色	短棒形	4.99	0.17	黄绿色	白绿色	晚熟

【利用价值】在当地种植 15 年以上，一般取嫩瓜食用，也可取老瓜络用，可作为亲本用于丝瓜新品种或抗病瓜类砧木新品种选育。

35．黄江丝瓜

【学名】Cucurbitaceae（葫芦科）*Luffa*（丝瓜属）*Luffa cylindrica*（普通丝瓜）。

【采集地】广西桂林市龙胜各族自治县龙脊镇黄江村。

【主要特征特性】该丝瓜资源长势旺，品质优，抗枯萎病。

名称	叶形	叶色	商品瓜瓜形	瓜形指数	商品瓜单瓜重/kg	商品瓜皮色	商品瓜肉色	熟性
黄江丝瓜	掌状深裂	深绿色	短棒形	4.02	0.24	黄绿色	白绿色	晚熟

【利用价值】在当地种植 20 年以上，一般取嫩瓜食用，也可取老瓜络用，可作为亲本用于丝瓜新品种或抗病瓜类砧木新品种选育。

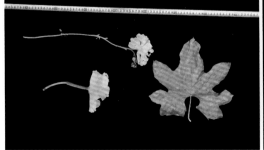
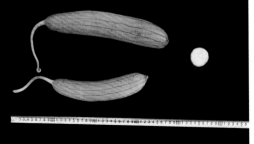

36. 两合丝瓜

【学名】Cucurbitaceae（葫芦科）*Luffa*（丝瓜属）*Luffa cylindrica*（普通丝瓜）。

【采集地】广西桂林市灵川县兰田瑶族乡两合村。

【主要特征特性】该丝瓜资源长势旺，主侧蔓均可结瓜，品质优，抗枯萎病。

名称	叶形	叶色	商品瓜瓜形	瓜形指数	商品瓜单瓜重 /kg	商品瓜皮色	商品瓜肉色	熟性
两合丝瓜	掌状深裂	深绿色	短棒形	4.62	0.24	黄绿色	白绿色	晚熟

【利用价值】在当地种植 10 年以上，一般取嫩瓜食用，也可取老瓜络用，可作为亲本用于丝瓜新品种或抗病瓜类砧木新品种选育。

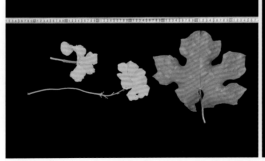
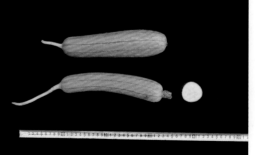

37. 冷独丝瓜

【学名】Cucurbitaceae（葫芦科）*Luffa*（丝瓜属）*Luffa cylindrica*（普通丝瓜）。

【采集地】广西百色市隆林各族自治县岩茶乡冷独村。

【主要特征特性】该丝瓜资源长势旺，主侧蔓均可结瓜，品质优，抗枯萎病。

名称	叶形	叶色	商品瓜瓜形	瓜形指数	商品瓜单瓜重/kg	商品瓜皮色	商品瓜肉色	熟性
冷独丝瓜	掌状深裂	深绿色	短棒形	3.87	0.16	黄绿色	白绿色	晚熟

【利用价值】在当地种植 20 年以上，一般取嫩瓜食用，也可取老瓜络用，可作为亲本用于丝瓜新品种或抗病瓜类砧木新品种选育。

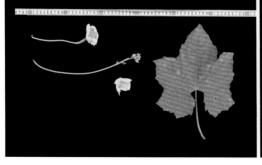

38．者车丝瓜

【学名】Cucurbitaceae（葫芦科）*Luffa*（丝瓜属）*Luffa cylindrica*（普通丝瓜）。

【采集地】广西百色市西林县西平乡者车村。

【主要特征特性】该丝瓜资源长势旺，主侧蔓均可结瓜，品质优，抗枯萎病。

名称	叶形	叶色	商品瓜瓜形	瓜形指数	商品瓜单瓜重/kg	商品瓜皮色	商品瓜肉色	熟性
者车丝瓜	掌状浅裂	深绿色	短棒形	3.23	0.17	黄绿色	白绿色	晚熟

【利用价值】在当地种植100年以上，为前人留下的地方品种，一般取嫩瓜食用，也可取老瓜络用，可作为亲本用于丝瓜新品种或抗病瓜类砧木新品种选育。

39. 六寨丝瓜

【学名】Cucurbitaceae（葫芦科）*Luffa*（丝瓜属）*Luffa cylindrica*（普通丝瓜）。

【采集地】广西河池市宜州区洛西镇六寨村。

【主要特征特性】该丝瓜资源长势旺，主侧蔓均可结瓜，品质优，抗枯萎病。

名称	叶形	叶色	商品瓜 瓜形	瓜形 指数	商品瓜 单瓜重/kg	商品瓜 皮色	商品瓜 肉色	熟性
六寨丝瓜	掌状深裂	深绿色	短棒形	3.89	0.14	黄绿色	白绿色	晚熟

【利用价值】在当地种植 15 年以上，一般取嫩瓜食用，也可取老瓜络用，可作为亲本用于丝瓜新品种或抗病瓜类砧木新品种选育。

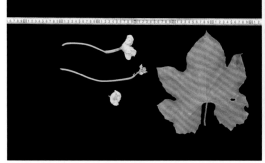

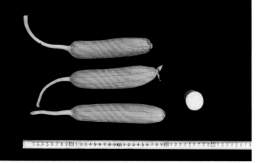

40．茅坪丝瓜

【学名】Cucurbitaceae（葫芦科）*Luffa*（丝瓜属）*Luffa acutangula*（有棱丝瓜）。

【采集地】广西贺州市昭平县仙回瑶族乡茅坪村。

【主要特征特性】该丝瓜资源长势旺，主侧蔓均可结瓜，品质优，抗枯萎病。

名称	叶形	叶色	商品瓜瓜形	瓜形指数	商品瓜单瓜重/kg	商品瓜皮色	商品瓜肉色	熟性
茅坪丝瓜	掌状浅裂	绿色	有棱长条	4.30	0.22	绿色	白绿色	中熟

【利用价值】在当地种植 10 年以上，一般取嫩瓜食用，可作为亲本用于丝瓜新品种或抗病瓜类砧木新品种选育。

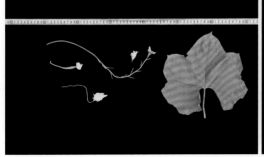

第六节　苦瓜优异资源

1. 西林苦瓜

【学名】Cucurbitaceae（葫芦科）*Momordica*（苦瓜属）*Momordica charantia*（苦瓜）。

【采集地】广西百色市西林县那佐苗族乡达下村。

【主要特征特性】该苦瓜抗枯萎病病情指数为 5.56，高抗苦瓜枯萎病，中熟，微苦。

名称	第一雌花节位	商品瓜瓜形	商品瓜皮色	商品瓜纵径 /cm	商品瓜横径 /cm	商品瓜肉厚 /cm	商品瓜单瓜重 /g	熟性
西林苦瓜	16	短棒形	浅绿色	28.8	8.3	0.9	630	中熟

【利用价值】现直接应用于生产，在当地种植 10 年以上，食用为主，可炒食、凉拌，是选育抗枯萎病苦瓜新品种的优异亲本。

2．资源苦瓜

【学名】Cucurbitaceae（葫芦科）*Momordica*（苦瓜属）*Momordica charantia*（苦瓜）。

【采集地】广西桂林市资源县瓜里乡水头村。

【主要特征特性】该苦瓜早熟，雌性强，生育期短，肉厚，极苦。

名称	第一雌花节位	商品瓜瓜形	商品瓜皮色	商品瓜纵径 /cm	商品瓜横径 /cm	商品瓜肉厚 /cm	商品瓜单瓜重 /g	熟性
资源苦瓜	9	短纺锤形	白绿色	23.3	5.3	0.9	253	早熟

【利用价值】现直接应用于生产，在当地种植 20 年以上，食用为主，可炒食、凉拌，是选育早熟、强雌性苦瓜新品种的优异亲本。

3．凌云青苦瓜

【学名】Cucurbitaceae（葫芦科）*Momordica*（苦瓜属）*Momordica charantia*（苦瓜）。

【采集地】广西百色市凌云县。

【主要特征特性】该苦瓜中熟，商品瓜长，微苦。

名称	第一雌花节位	商品瓜瓜形	商品瓜皮色	商品瓜纵径/cm	商品瓜横径/cm	商品瓜肉厚/cm	商品瓜单瓜重/g	熟性
凌云青苦瓜	19	长棒形	绿色	42.1	6.5	0.9	593	中熟

【利用价值】现直接应用于生产，在当地种植 10 年以上，食用为主，可炒食、凉拌，是选育长棒形中熟苦瓜新品种的优异亲本。

4. 凌云白苦瓜

【学名】Cucurbitaceae（葫芦科）*Momordica*（苦瓜属）*Momordica charantia*（苦瓜）。

【采集地】广西百色市凌云县。

【主要特征特性】该苦瓜晚熟，微苦。

名称	第一雌花节位	商品瓜瓜形	商品瓜皮色	商品瓜纵径/cm	商品瓜横径/cm	商品瓜肉厚/cm	商品瓜单瓜重/g	熟性
凌云白苦瓜	24	长棒形	白绿色	40.3	5.9	0.9	270	晚熟

【利用价值】现直接应用于生产，在当地种植 10 年以上，食用为主，可炒食、凉拌，是选育长棒形晚熟苦瓜新品种的优异亲本。

5. 凭祥绿苦瓜

【**学名**】Cucurbitaceae（葫芦科）*Momordica*（苦瓜属）*Momordica charantia*（苦瓜）。

【**采集地**】广西崇左市凭祥市。

【**主要特征特性**】该苦瓜中熟，苦味淡，单瓜较重。

名称	第一雌花节位	商品瓜瓜形	商品瓜皮色	商品瓜纵径 /cm	商品瓜横径 /cm	商品瓜肉厚 /cm	商品瓜单瓜重 /g	熟性
凭祥绿苦瓜	17	短棒形	浅绿色	27.0	8.2	1.2	800	中熟

【**利用价值**】现直接应用于生产，在当地种植 10 年以上，食用为主，可炒食、凉拌，是选育中熟苦瓜新品种的优异亲本。

6. 凭祥白绿苦瓜

【学名】Cucurbitaceae（葫芦科）*Momordica*（苦瓜属）*Momordica charantia*（苦瓜）。

【采集地】广西崇左市凭祥市。

【主要特征特性】该苦瓜晚熟，苦味淡，瓜肉厚。

名称	第一雌花节位	商品瓜瓜形	商品瓜皮色	商品瓜纵径/cm	商品瓜横径/cm	商品瓜肉厚/cm	商品瓜单瓜重/g	熟性
凭祥白绿苦瓜	24.4	短棒形	白绿色	30.0	7.5	1.3	650	晚熟

【利用价值】现直接应用于生产，在当地种植 10 年以上，食用为主，可炒食、凉拌，是选育晚熟苦瓜新品种的优异亲本。

7. 灵川苦瓜

【学名】Cucurbitaceae（葫芦科）*Momordica*（苦瓜属）*Momordica charantia*（苦瓜）。

【采集地】广西桂林市灵川县潭下镇源口村。

【主要特征特性】该苦瓜早熟，苦味淡。

名称	第一雌花节位	商品瓜瓜形	商品瓜皮色	商品瓜纵径/cm	商品瓜横径/cm	商品瓜肉厚/cm	商品瓜单瓜重/g	熟性
灵川苦瓜	14	短棒形	白绿色	26.7	7.8	0.9	580	早熟

【利用价值】现直接应用于生产，在当地种植 15 年以上，食用为主，可炒食、凉拌，是选育早熟苦瓜新品种的优异亲本。

8. 鹿寨苦瓜

【学名】Cucurbitaceae（葫芦科）*Momordica*（苦瓜属）*Momordica charantia*（苦瓜）。

【采集地】广西柳州市鹿寨县四排镇四排村。

【主要特征特性】该苦瓜早熟，瓜长，苦味淡。

名称	第一雌花节位	商品瓜瓜形	商品瓜皮色	商品瓜纵径/cm	商品瓜横径/cm	商品瓜肉厚/cm	商品瓜单瓜重/g	熟性
鹿寨苦瓜	10	长纺锤形	白绿色	40.5	4.4	1.0	270	早熟

【利用价值】现直接应用于生产，在当地种植 10 年以上，食用为主，可炒食、凉拌，是选育早熟苦瓜新品种的优异亲本。

9.临桂苦瓜

【学名】Cucurbitaceae（葫芦科）*Momordica*（苦瓜属）*Momordica charantia*（苦瓜）。

【采集地】广西桂林市临桂区六塘镇诚桂村。

【主要特征特性】该苦瓜早熟，瓜短，极苦。

名称	第一雌花节位	商品瓜瓜形	商品瓜皮色	商品瓜纵径/cm	商品瓜横径/cm	商品瓜肉厚/cm	商品瓜单瓜重/g	熟性
临桂苦瓜	12	短纺锤形	浅绿色	24.0	5.8	1.0	200	早熟

【利用价值】现直接应用于生产，在当地种植 10 年以上，食用为主，可炒食、凉拌、做苦瓜酿，是选育早熟苦瓜新品种的优异亲本。

第七节　西瓜优异资源

1.广西 401

【学名】Cucurbitaceae（葫芦科）*Citrullus*（西瓜属）*Citrullus lanatus* ssp. *vulgaris* var. *vulgaris*（普通西瓜）。

【采集地】广西南宁市武鸣区。

【主要特征特性】该西瓜资源植株生长壮旺，耐湿耐热。

名称	叶形	叶色	果形	单瓜重/kg	果皮底色及覆纹	果肉颜色	中心可溶性固形物含量/%	生育期/天
广西401	羽状深裂	深绿色	圆形	2.5～3.5	墨绿色，被蜡粉	红色	10.5～11.5	80～100

【利用价值】四倍体西瓜，主要用作三倍体无籽西瓜品种选育的亲本。

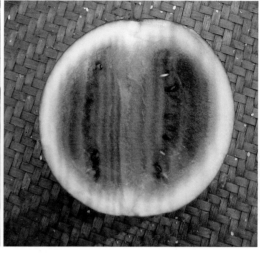

2. 广西402

【学名】Cucurbitaceae（葫芦科）*Citrullus*（西瓜属）*Citrullus lanatus* ssp. *vulgaris* var. *vulgaris*（普通西瓜）。

【采集地】广西南宁市武鸣区。

【主要特征特性】该西瓜资源植株生长壮旺，耐湿耐热。

名称	叶形	叶色	果形	单瓜重/kg	果皮底色及覆纹	果肉颜色	中心可溶性固形物含量/%	生育期/天
广西402	羽状深裂	深绿色	圆形	3.0~4.0	浅绿色，布隐条纹	红色	10.5~11.5	85~105

【利用价值】四倍体西瓜，主要用作三倍体无籽西瓜品种选育的亲本。

3．广西403

【学名】Cucurbitaceae（葫芦科）*Citrullus*（西瓜属）*Citrullus lanatus* ssp. *vulgaris* var. *vulgaris*（普通西瓜）。

【采集地】广西南宁市武鸣区。

【主要特征特性】该西瓜资源植株生长壮旺，耐湿耐热。

名称	叶形	叶色	果形	单瓜重/kg	果皮底色及覆纹	果肉颜色	中心可溶性固形物含量/%	生育期/天
广西403	羽状深裂	深绿色	圆形	3.5~4.5	深绿色布墨绿色暗网条纹	红色	11.0~12.0	80~100

【利用价值】四倍体西瓜，主要用作三倍体无籽西瓜品种选育的亲本。

4．桂选5号

【学名】Cucurbitaceae（葫芦科）*Citrullus*（西瓜属）*Citrullus lanatus* ssp. *vulgaris* var. *vulgaris*（普通西瓜）。

【采集地】广西南宁市武鸣区。

【主要特征特性】该西瓜资源耐湿耐热，易坐果。

名称	叶形	叶色	果形	单瓜重/kg	果皮底色及覆纹	果肉颜色	中心可溶性固形物含量/%	生育期/天
桂选5号	羽状深裂	深绿色	圆形	3.5~4.5	深绿色，布墨绿色齿条纹	红色	10.5~12.0	70~90

【利用价值】可用作耐热西瓜品种选育的育种材料。

桂选 5 号

桂选 5 号

5. 桂系一号

【学名】Cucurbitaceae（葫芦科）*Citrullus*（西瓜属）*Citrullus lanatus* ssp. *vulgaris* var. *vulgaris*（普通西瓜）。

【采集地】广西南宁市江南区。

【主要特征特性】该西瓜资源较耐低温弱光，早熟，易坐果，肉质沙脆，口感好。

名称	叶形	叶色	果形	单瓜重 /kg	果皮底色及覆纹	果肉颜色	中心可溶性固形物含量 /%	生育期 / 天
桂系一号	羽状深裂	深绿色	长椭圆形	2.5～3.5	深绿色，布墨绿色隐暗条纹	红色	11.0～12.0	65～85

【利用价值】可直接栽培应用，也可用作优质早熟西瓜育种材料。

6. 桂红二号

【学名】Cucurbitaceae（葫芦科）*Citrullus*（西瓜属）*Citrullus lanatus* ssp. *vulgaris* var. *vulgaris*（普通西瓜）。

【采集地】广西南宁市武鸣区。

【主要特征特性】该西瓜资源耐湿耐热，高产，优质。

名称	叶形	叶色	果形	单瓜重 /kg	果皮底色及覆纹	果肉颜色	中心可溶性固形物含量 /%	生育期 / 天
桂红二号	羽状深裂	深绿色	长椭圆形	8.0～12.0	绿色，布深绿色宽条纹	红色	10.5～11.5	75～95

【利用价值】可直接栽培应用，也可用作大果型西瓜育种材料。

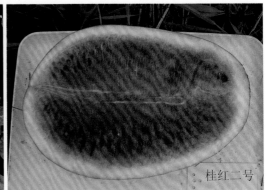

7. 广西长黑

【学名】Cucurbitaceae（葫芦科）*Citrullus*（西瓜属）*Citrullus lanatus* ssp. *vulgaris* var. *vulgaris*（普通西瓜）。

【采集地】广西南宁市武鸣区。

【主要特征特性】该西瓜资源耐湿耐热，较抗西瓜炭疽病和蔓枯病。

名称	叶形	叶色	果形	单瓜重 /kg	果皮底色及覆纹	果肉颜色	中心可溶性固形物含量 /%	生育期 / 天
广西长黑	羽状深裂	深绿色	长椭圆形	5.0～6.0	墨绿色	红色	10.5～12.0	70～90

【利用价值】可用作西瓜品种选育的优良亲本。

8. 兴桂1号

【学名】Cucurbitaceae（葫芦科）*Citrullus*（西瓜属）*Citrullus lanatus* ssp. *vulgaris* var. *vulgaris*（普通西瓜）。

【采集地】广西崇左市扶绥县。

【主要特征特性】该西瓜资源较耐低温弱光，早熟，易坐果。

名称	叶形	叶色	果形	单瓜重/kg	果皮底色及覆纹	果肉颜色	中心可溶性固形物含量/%	生育期/天
兴桂1号	羽状深裂	深绿色	短椭圆形	4.0~5.0	深绿色，覆墨绿条纹	红色	10.5~11.5	70~90

【利用价值】可直接栽培应用，也可作为早熟西瓜品种选育的材料。

9. 桂选8号

【学名】Cucurbitaceae（葫芦科）*Citrullus*（西瓜属）*Citrullus lanatus* ssp. *vulgaris* var. *vulgaris*（普通西瓜）。

【采集地】广西南宁市武鸣区。

【主要特征特性】该西瓜资源早熟，易坐果，果肉质脆，品质优，果皮极硬韧。

名称	叶形	叶色	果形	单瓜重/kg	果皮底色及覆纹	果肉颜色	中心可溶性固形物含量/%	生育期/天
桂选8号	羽状深裂	深绿色	椭圆形	3.0～3.5	墨绿色，覆蜡粉	红色	11.5～12.5	70～90

【利用价值】可作为早熟西瓜品种选育的优良亲本。

10．桂选9号

【学名】Cucurbitaceae（葫芦科）*Citrullus*（西瓜属）*Citrullus lanatus* ssp. *vulgaris* var. *vulgaris*（普通西瓜）。

【采集地】广西南宁市武鸣区。

【主要特征特性】该西瓜资源较耐弱光低温，早熟，易坐果，果皮薄且硬韧，果肉剖面均匀，肉质脆，品质优。

名称	叶形	叶色	果形	单瓜重/kg	果皮底色及覆纹	果肉颜色	中心可溶性固形物含量/%	生育期/天
桂选9号	羽状深裂	深绿色	长椭圆形	3.0～3.5	翠绿色	红色	11.5～12.5	65～85

【利用价值】可作为早熟西瓜品种选育的优良亲本。

11. 封阳 1 号

【学名】Cucurbitaceae（葫芦科）*Citrullus*（西瓜属）*Citrullus lanatus* ssp. *vulgaris* var. *megalaspermus*（籽瓜）。

【采集地】广西贺州市八步区。

【主要特征特性】该籽用西瓜资源早熟，植株生长势较强，籽粒深红、整齐、平展，抗枯萎病和病毒病性状突出，综合性状优良。

名称	果形	果肉颜色	单瓜重 /kg	种子颜色	产籽率 /%	种子千粒重 /g	生育期 / 天	种子发育期 / 天
封阳 1 号	圆形	白色	1.5～2.0	深红色	3.5～4.5	160～170	70～80	35～40

【利用价值】俗称红籽瓜、红打瓜、洗籽瓜、瓜籽瓜，分布在广西贺州市、来宾市、崇左市、桂林市、柳州市等地，主要有广西信都红籽瓜等著名品种（系），其商品"红瓜子"是传统出口的名优特产，可用于新品种选育。

12. 封阳 2 号

【**学名**】Cucurbitaceae（葫芦科）*Citrullus*（西瓜属）*Citrullus lanatus* ssp. *vulgaris* var. *megalaspermus*（籽瓜）。

【**采集地**】广西贺州市八步区。

【**主要特征特性**】该籽用西瓜资源中熟，植株生长健壮，籽粒鲜红、整齐、平展、抗枯萎病和病毒病性状突出，综合性状优良。

名称	果形	果肉颜色	单瓜重 /kg	种子颜色	产籽率 /%	种子千粒重 /g	生育期 / 天	种子发育期 / 天
封阳 2 号	椭圆形	白色	2.5～3.0	鲜红色	3.5～4.5	170～180	80～90	40～45

【**利用价值**】俗称红籽瓜、红打瓜、洗籽瓜、瓜籽瓜，分布在广西贺州市、来宾市、崇左市、桂林市、柳州市等地，主要有广西信都红籽瓜等著名品种（系），其商品"红瓜子"是传统出口的名优特产，可用于新品种选育。

13. 封阳3号

【学名】Cucurbitaceae（葫芦科）*Citrullus*（西瓜属）*Citrullus lanatus* ssp. *vulgaris* var. *megalaspermus*（籽瓜）。

【采集地】广西贺州市八步区。

【主要特征特性】该籽用西瓜资源早熟，植株生长势较强，籽粒酱红、整齐、平展，抗枯萎病和病毒病性状突出，综合性状优良。

名称	果形	果肉颜色	单瓜重/kg	种子颜色	产籽率/%	种子千粒重/g	生育期/天	种子发育期/天
封阳3号	圆形	白色	1.8~2.3	酱红色	3.5~4.0	130~150	70~80	35~40

【利用价值】俗称红籽瓜、红打瓜、洗籽瓜、瓜籽瓜，分布在广西贺州市、来宾市、崇左市、桂林市、柳州市等地，主要有广西信都红籽瓜等著名品种（系），其商品"红瓜子"是传统出口的名优特产，可用于新品种选育。

第八节　甜瓜优异资源

1. 邕宁香瓜

【学名】Cucurbitaceae（葫芦科）*Cucumis*（黄瓜属）*Cucumis melo* var. *chinensis*（梨瓜）。

【采集地】广西南宁市邕宁区。

【主要特征特性】该甜瓜资源耐湿性强，早熟，易坐果，肉质嫩脆，味香甜。

名称	叶形	叶色	果形	单瓜重 /kg	果皮底色及覆纹	果肉颜色	中心可溶性固形物含量 /%	生育期 / 天
邕宁香瓜	心形	深绿色	梨形	0.4～0.7	绿白微黄	白色微绿	12.0～14.0	60～80

【利用价值】在当地种植 20 年以上，果实鲜食为主。可直接栽培应用，也可作为薄皮甜瓜品种选育的亲本。

2. 坛洛香瓜

【学名】Cucurbitaceae（葫芦科）*Cucumis*（黄瓜属）*Cucumis melo* var. *chinensis*（梨瓜）。

【采集地】广西南宁市西乡塘区。

【主要特征特性】该甜瓜资源耐湿性强，早熟，易坐果，肉质嫩脆，微香。

名称	叶形	叶色	果形	单瓜重 /kg	果皮底色及覆纹	果肉颜色	中心可溶性固形物含量 /%	生育期 / 天
坛洛香瓜	心形	深绿色	长椭圆形	1.0～2.0	金黄色，覆白色条带	白色	12.0～13.0	60～80

【利用价值】在当地种植 10 年以上，果实鲜食为主。可直接栽培应用，也可作为薄皮甜瓜品种选育的亲本。

3. 青蛙瓜

【学名】Cucurbitaceae（葫芦科）*Cucumis*（黄瓜属）*Cucumis melo* var. *conomon*（越瓜）。

【采集地】广西玉林市博白县。

【主要特征特性】该甜瓜资源肉质软，味清淡，果实成熟时易形成离层，较抗甜瓜白粉病和霜霉病。

名称	叶形	叶色	果形	单瓜重 /kg	果皮底色及覆纹	果肉颜色	中心可溶性固形物含量 /%	生育期 / 天
青蛙瓜	心形	深绿色	棒形	1.8～2.0	深绿色，覆灰绿色条带	白色	5.0～6.0	60～80

【利用价值】青蛙瓜又称"老鼠瓜"，在当地种植 20 年以上，果实菜用为主，可作为菜用甜瓜品种选育的材料。

4．恭城斑瓜

【学名】Cucurbitaceae（葫芦科）*Cucumis*（黄瓜属）*Cucumis melo* var. *conomon*（越瓜）。

【采集地】广西桂林市恭城瑶族自治县。

【主要特征特性】该甜瓜资源由于果实表面呈斑纹而得名"斑瓜"，早熟，易坐果，果实可多批次采收，较抗甜瓜白粉病和霜霉病。

名称	叶形	叶色	果形	单瓜重 /kg	果皮底色及覆纹	果肉颜色	中心可溶性固形物含量 /%	生育期 / 天
恭城斑瓜	心形	深绿色	棒形	0.2～0.3	深绿色，覆浅绿色条带	白色微绿	5.0～6.0	60～80

【利用价值】在当地种植 30 年以上，果实菜用为主，多炒食嫩瓜，也可腌制。可作为菜用甜瓜品种选育的材料。

5．信都花皮地瓜

【学名】Cucurbitaceae（葫芦科）*Cucumis*（黄瓜属）*Cucumis melo* var. *conomon*（越瓜）。

【采集地】广西贺州市八步区。

【主要特征特性】该甜瓜资源因爬地种植结瓜而得名"地瓜"，早熟，易坐果，果实可多批次采收，抗甜瓜白粉病和霜霉病。

名称	叶形	叶色	果形	单瓜重/kg	果皮底色及覆纹	果肉颜色	中心可溶性固形物含量/%	生育期/天
信都花皮地瓜	心形	深绿色	棒形	0.2～0.3	浅黄绿，覆墨绿色斑块，有不明显浅沟	白色微绿	5.0～6.0	60～80

【利用价值】在当地种植10年以上，果实菜用为主，多与信都白皮地瓜一起混杂种植采收，以嫩瓜腌制加工成"地瓜酸"。可作为菜用甜瓜品种选育的材料。

6. 信都白皮地瓜

【学名】Cucurbitaceae（葫芦科）Cucumis（黄瓜属）Cucumis melo var. conomon（越瓜）。

【采集地】广西贺州市八步区。

【主要特征特性】该甜瓜资源因爬地种植结瓜而得名"地瓜"，早熟，易坐果，果实可多批次采收，抗甜瓜白粉病和霜霉病。

名称	叶形	叶色	果形	单瓜重/kg	果皮底色及覆纹	果肉颜色	中心可溶性固形物含量/%	生育期/天
信都白皮地瓜	心形	深绿色	长棒形	0.3～0.5	乳白微黄，有浅沟	白色微绿	5.0～6.0	60～80

　　【利用价值】在当地种植 10 年以上，果实菜用为主，多与信都花皮地瓜一起混杂种植采收，以嫩瓜腌制加工成"地瓜酸"。可作为菜用甜瓜品种选育的材料。

7. 石桥地瓜

　　【学名】Cucurbitaceae（葫芦科）Cucumis（黄瓜属）*Cucumis melo* var. *conomon*（越瓜）。

　　【采集地】广西梧州市苍梧县石桥镇。

　　【主要特征特性】该甜瓜资源因爬地种植结瓜而得名"地瓜"，早熟，易坐果，果实可多批次采收，抗甜瓜白粉病和霜霉病。

名称	叶形	叶色	果形	单瓜重/kg	果皮底色及覆纹	果肉颜色	中心可溶性固形物含量/%	生育期/天
石桥地瓜	心形	深绿色	棒形	0.3～0.6	浅黄绿，覆墨绿色斑块，有浅沟	白色微绿	5.0～6.0	60～80

　　【利用价值】在当地种植 10 年以上，果实菜用为主，多以嫩瓜加工成"地瓜榨"。可作为菜用甜瓜品种选育的材料。

第九节 瓠瓜优异资源

1. 民兴瓠瓜

【学名】Cucurbitaceae（葫芦科）*Lagenaria*（葫芦属）*Lagenaria siceraria*（瓠瓜）。

【采集地】广西百色市那坡县百合乡民兴村。

【主要特征特性】抗病性强，尤其抗霜霉病。

名称	瓜长 /cm	瓜横径 /cm	瓜把长 /cm	瓜肉厚 /cm	单瓜重 /g	商品瓜皮色	瓜形	熟性
民兴瓠瓜	20.5	14.4	11.7	2.2	512.1	绿色	长颈圆球形	中熟

【利用价值】该资源在当地种植 60 年以上，嫩瓜可做菜食用，老瓜可制作水瓢工具，可做抗病育种的亲本。

2．建新瓠瓜

【学名】Cucurbitaceae（葫芦科）*Lagenaria*（葫芦属）*Lagenaria siceraria*（瓠瓜）。

【采集地】广西桂林市龙胜各族自治县江底乡建新村。

【主要特征特性】耐旱，耐寒，耐贫瘠，抗病性强。

名称	瓜长/cm	瓜横径/cm	瓜把长/cm	瓜肉厚/cm	单瓜重/g	商品瓜皮色	瓜形	熟性
建新瓠瓜	23.0	9.1	9.7	2.3	472.5	绿色	牛腿形	中熟

【利用价值】该资源在当地俗称白瓜，在当地已种植 40 年以上，嫩瓜可做菜食用，可做抗病育种的亲本。

 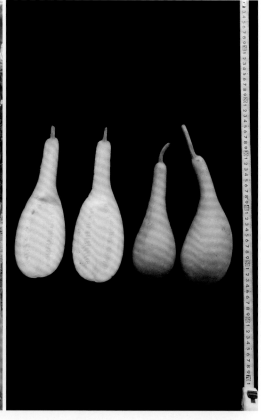

3．牛白观赏细腰葫芦

【学名】Cucurbitaceae（葫芦科）*Lagenaria*（葫芦属）*Lagenaria siceraria*（瓠瓜）。

【采集地】广西桂林市荔浦市蒲芦瑶族乡黎村村牛白屯。

【主要特征特性】耐旱，耐寒，耐贫瘠，抗病性强。

名称	瓜长 /cm	瓜横径 /cm	瓜把长 /cm	瓜肉厚 /cm	单瓜重 /g	商品瓜皮色	瓜形	熟性
牛白观赏细腰葫芦	18.6	9.1	9.7	2.2	412.6	绿色	细腰形	早熟

【利用价值】该资源一般用作观赏，可做抗病育种的亲本。

4．黎村葫芦

【学名】Cucurbitaceae（葫芦科）*Lagenaria*（葫芦属）*Lagenaria siceraria*（瓠瓜）。

【采集地】广西桂林市荔浦市蒲芦瑶族乡黎村村。

【主要特征特性】耐旱，耐贫瘠，味清甜，抗病性强。

名称	瓜长 /cm	瓜横径 /cm	瓜把长 /cm	瓜肉厚 /cm	单瓜重 /g	商品瓜皮色	瓜形	熟性
黎村葫芦	15.0	9.6	3.8	2.1	472.5	白绿色	梨形	早熟

【利用价值】该资源是当地长期种植的地方品种，用于做菜或观赏，可做抗病育种的亲本。

5. 坪岭葫芦

【学名】Cucurbitaceae（葫芦科）*Lagenaria*（葫芦属）*Lagenaria siceraria*（瓠瓜）。

【采集地】广西桂林市荔浦市新坪镇八鲁村坪岭屯。

【主要特征特性】耐旱，耐冷，耐贫瘠，抗病性强。

名称	瓜长/cm	瓜横径/cm	瓜把长/cm	瓜肉厚/cm	单瓜重/g	商品瓜皮色	瓜形	熟性
坪岭葫芦	23.0	10.2	6.5	2.5	552.1	浅绿色	长把梨形	中熟

【利用价值】该资源被当地及其附近农户留种种植近30年，用于做菜，可做抗病育种的亲本。

6. 对面岭葫芦

【学名】Cucurbitaceae（葫芦科）*Lagenaria*（葫芦属）*Lagenaria siceraria*（瓠瓜）。

【采集地】广西桂林市恭城瑶族自治县三江乡对面岭村。

【主要特征特性】耐旱，耐寒，耐贫瘠，抗病性强。

名称	瓜长/cm	瓜横径/cm	瓜把长/cm	瓜肉厚/cm	单瓜重/g	商品瓜皮色	瓜形	熟性
对面岭葫芦	17.9	9.3	9.7	2.2	432.6	绿色	细腰形	中熟

【利用价值】该资源被当地及其附近农户留种种植近60年，用于做菜或观赏，可做抗病育种的亲本。

7. 对面岭长颈葫芦

【**学名**】Cucurbitaceae（葫芦科）*Lagenaria*（葫芦属）*Lagenaria siceraria*（瓠瓜）。

【**采集地**】广西桂林市恭城瑶族自治县三江乡对面岭村。

【**主要特征特性**】耐旱，耐冷，耐贫瘠，抗病性强。

名称	瓜长/cm	瓜横径/cm	瓜把长/cm	瓜肉厚/cm	单瓜重/g	商品瓜皮色	瓜形	熟性
对面岭长颈葫芦	29.0	14.1	15.3	2.6	536.5	绿色	长颈圆球形	中熟

【**利用价值**】该资源被当地及其附近农户留种种植近60年，用于做菜或观赏，可做抗病育种的亲本。

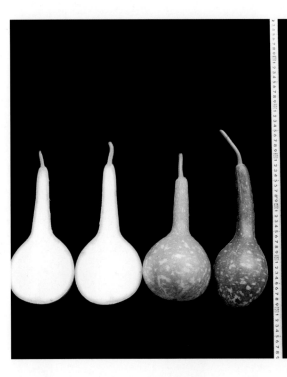

8. 公正葫芦

【**学名**】Cucurbitaceae（葫芦科）*Lagenaria*（葫芦属）*Lagenaria siceraria*（瓠瓜）。

【**采集地**】广西防城港市上思县公正乡枯娄村。

【**主要特征特性**】耐旱，耐热，耐贫瘠，抗病性强。

名称	瓜长/cm	瓜横径/cm	瓜把长/cm	瓜肉厚/cm	单瓜重/g	商品瓜皮色	瓜形	熟性
公正葫芦	18.5	8.6	9.2	2.4	442.8	绿色	细腰形	中熟

【利用价值】该资源被当地及其附近的农户留种种植近 20 年，用于做菜或观赏，可做抗病育种的亲本。

9. 百马牛腿葫芦

【学名】Cucurbitaceae（葫芦科）*Lagenaria*（葫芦属）*Lagenaria siceraria*（瓠瓜）。

【采集地】广西防城港市上思县南屏瑶族乡常隆村百马屯。

【主要特征特性】品质好，产量高，耐旱，耐贫瘠，抗病虫性强。

名称	瓜长 /cm	瓜横径 /cm	瓜把长 /cm	瓜肉厚 /cm	单瓜重 /g	商品瓜皮色	瓜形	熟性
百马牛腿葫芦	35.0	8.1	4.2	2.0	586.3	浅绿色	牛腿形	早熟

【利用价值】该资源被当地及其附近农户留种种植近 20 年，用于做菜或观赏，可做高品质和抗病育种的亲本。

10．晒禾坪葫芦

【学名】Cucurbitaceae（葫芦科）*Lagenaria*（葫芦属）*Lagenaria siceraria*（瓠瓜）。

【采集地】广西桂林市资源县瓜里乡水头村晒禾坪屯。

【主要特征特性】耐旱，耐冷，耐贫瘠，抗病性强。

名称	瓜长 /cm	瓜横径 /cm	瓜把长 /cm	瓜肉厚 /cm	单瓜重 /g	商品瓜皮色	瓜形	熟性
晒禾坪葫芦	21.5	10.2	7.1	2.3	522.5	浅绿色	长把梨形	中熟

【利用价值】该资源是当地长期种植的地方品种，用于做菜，可做抗病育种的亲本。

11．大岭葫芦

【学名】Cucurbitaceae（葫芦科）*Lagenaria*（葫芦属）*Lagenaria siceraria*（瓠瓜）。

【采集地】广西桂林市荔浦市龙怀乡庆云村大岭屯。

【主要特征特性】耐旱，耐贫瘠，味清甜，抗病性强。

名称	瓜长 /cm	瓜横径 /cm	瓜把长 /cm	瓜肉厚 /cm	单瓜重 /g	商品瓜皮色	瓜形	熟性
大岭葫芦	12.0	10.5	1.8	2.1	466.0	浅绿色	梨形	早熟

【利用价值】该资源是当地长期种植的地方品种，用于做菜，可做高品质和抗病育种的亲本。

12．灵田小葫芦

【学名】Cucurbitaceae（葫芦科）*Lagenaria*（葫芦属）*Lagenaria siceraria*（瓠瓜）。

【采集地】广西桂林市灵川县灵田镇正义村。

【主要特征特性】该资源植株生长旺盛，分枝能力强，商品瓜肉质致密、无苦味，喜温、耐热、耐旱及耐寒性均强，抗枯萎病和白粉病。

名称	瓜长 /cm	瓜横径 /cm	瓜把长 /cm	瓜肉厚 /cm	单瓜重 /g	商品瓜皮色	瓜形	熟性
灵田小葫芦	8.0	5.7	3.5	1.7	105.0	浅绿色	细腰形	晚熟

【利用价值】该资源为当地农户自留种，种植有 30 多年，以用于观赏及制作工艺品为主，可做抗病育种的亲本。

13. 灵田大葫芦

【学名】Cucurbitaceae（葫芦科）*Lagenaria*（葫芦属）*Lagenaria siceraria*（瓠瓜）。

【采集地】广西桂林市灵川县灵田镇正义村。

【主要特征特性】该资源分枝力较强，商品瓜肉质致密、无苦味，喜温、耐热、耐旱性均较强，较抗枯萎病。

名称	瓜长 /cm	瓜横径 /cm	瓜把长 /cm	瓜肉厚 /cm	单瓜重 /g	商品瓜皮色	瓜形	熟性
灵田大葫芦	24.0	17.5	11.1	3.5	3500.0	绿色	细腰形	中熟

【利用价值】该资源为当地农户自留种，种植有 30 多年，以用于观赏及制作工艺品为主，可做抗逆育种的亲本。

第十节　蛇瓜优异资源

1. 大化青蛇瓜

【学名】Cucurbitaceae（葫芦科）*Trichosanthes*（栝楼属）*Trichosanthes anguina*（蛇瓜）。

【采集地】广西河池市大化瑶族自治县乙圩乡果好村。

【主要特征特性】该资源植株生长旺盛，分枝能力强，主、侧蔓均可结瓜，商品瓜口感爽脆、较甜，品质优，喜温，抗虫、耐热、耐旱及耐寒性均强。

名称	叶形	叶色	商品瓜皮色	瓜形	瓜纵径 /cm	瓜横径 /cm	商品瓜肉厚 /cm	单瓜重 /kg	老瓜皮色
大化青蛇瓜	掌状	绿色	墨绿色有白色条纹	长曲条形	87.2	4.9	0.7	0.51	橙红色

【利用价值】该资源为农户自留种，种植有 50 多年，以食用嫩瓜为主，为当地的瓜类食用种之一，亦可用于休闲观光农业园区绿化、遮阴覆盖及观赏。

2. 公正车子瓜

【学名】Cucurbitaceae（葫芦科）*Trichosanthes*（栝楼属）*Trichosanthes anguina*（蛇瓜）。

【采集地】广西防城港市上思县公正乡枯娄村。

【主要特征特性】该资源植株生长较旺盛，分枝能力较强，主、侧蔓均可结瓜，商品瓜口感粉、较甜，品质优，喜温，抗虫、耐热、耐旱及耐寒性均较强。

名称	叶形	叶色	商品瓜皮色	瓜形	瓜纵径 /cm	瓜横径 /cm	商品瓜肉厚 /cm	单瓜重 /kg	老瓜皮色
公正车子瓜	掌状	绿色	绿色有白色条纹	短棒形	19.8	5.6	0.8	0.21	橙红色

【利用价值】该资源为农户自留地方品种，当地俗称车子瓜，在当地种植有 100 多年，以食用嫩瓜为主，亦可用于休闲观光农业园区绿化、遮阴覆盖及观赏。

3. 钟山车子瓜

【学名】Cucurbitaceae（葫芦科）*Trichosanthes*（栝楼属）*Trichosanthes anguina*（蛇瓜）。

【采集地】广西贺州市钟山县钟山镇榕木洲村。

【主要特征特性】该资源分枝能力较强，主、侧蔓均可结瓜，商品瓜口感较粉、甜，品质优，喜温，抗虫、耐热、耐旱及耐寒性均较强。

名称	叶形	叶色	商品瓜皮色	瓜形	瓜纵径/cm	瓜横径/cm	商品瓜肉厚/cm	单瓜重/kg	老瓜皮色
钟山车子瓜	掌状近圆形	绿色	白色有绿斑	短棒形	20.8	5.9	0.9	0.24	橙红色

【利用价值】该资源为农户自留种，当地俗称车子瓜，在当地种植有 70 多年，以食用嫩瓜为主，亦可用于休闲观光农业园区绿化、遮阴覆盖及观赏。

4．大化白蛇瓜

【学名】Cucurbitaceae（葫芦科）*Trichosanthes*（栝楼属）*Trichosanthes anguina*（蛇瓜）。
【采集地】广西河池市大化瑶族自治县乙圩乡果好村。
【主要特征特性】该资源植株长势旺盛，分枝能力较强，主、侧蔓均可结瓜，商品瓜口感爽脆、甜，品质优，喜温，抗虫、耐热、耐旱及耐寒性均较强。

名称	叶形	叶色	商品瓜皮色	瓜形	瓜纵径/cm	瓜横径/cm	商品瓜肉厚/cm	单瓜重/kg	老瓜皮色
大化白蛇瓜	掌状近圆形	绿色	白色有条状绿斑	长曲条形	57.3	5.1	0.8	0.62	橙红色

【利用价值】该资源为农户自留种，在当地种植有 70 多年，以食用嫩瓜为主，亦可用于休闲观光农业园区绿化、遮阴覆盖及观赏。

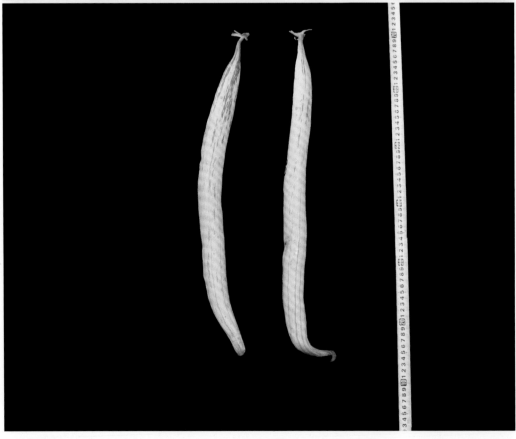

第三章
广西茄果类蔬菜

第一节　概　述

　　广西茄果类蔬菜作物主要有番茄、茄子和辣椒等, 2017 年茄果类蔬菜作物播种面积 265.26 万亩, 总产量 481.36 万 t。其中番茄播种面积 101.37 万亩, 总产量 249.95 万 t; 茄子播种面积 52.94 万亩, 总产量 87.98 万 t; 辣椒播种面积 110.95 万亩, 总产量 143.43 万 t（数据来源: 广西农业农村厅）。广西属亚热带季风气候, 光照充足、水资源丰沛、温度适宜, 非常适宜种植茄果类蔬菜作物, 因此广西各地保存着丰富且地方特色鲜明的茄果类蔬菜种质资源。其中, 知名的地方品种有天等指天椒、柳州五彩椒、桂林野山椒、玉林白皮椒等。

一、茄果类蔬菜种质资源调查收集与分布

　　2015～2018 年, 在项目实施期间共收集茄果类蔬菜种质资源 230 份, 其中番茄 55 份、茄子 33 份、辣椒 142 份。

　　收集的茄果类蔬菜种质资源来自 12 个地级市 43 个县（市、区）, 其中在桂林市 8 个县（市、区）和百色市 7 个县（市、区）收集的茄果类种质资源较多, 分别为 76 份和 52 份, 分别占 33.04% 和 22.61%（表 3-1）。茄果类蔬菜种质资源在广西的分布具有明显的地域性, 230 份茄果类蔬菜种质资源主要分布在桂北和桂西北, 桂南及桂东南分布较少, 这与广西的气候条件、广西南北方居民饮食习惯及茄果类蔬菜作物生长习性有关。广西北部和西北部冬季气候相比广西南部寒冷, 同时地理位置靠近云贵湘, 受川菜、湘菜等菜系的影响, 因而这些地区居民有着吃辣的习惯, 在收集的 142 份辣椒种质资源中, 有 87 份来自这些地区。

表 3-1　收集的茄果类蔬菜种质资源在广西的分布情况

地级市	县（市、区）	辣椒/份	茄子/份	番茄/份
百色市	那坡县、凌云县、隆林各族自治县、西林县、田阳区、平果市、乐业县	27	6	19
崇左市	凭祥市、大新县、扶绥县、宁明县、天等县	19	0	0
防城港市	上思县	3	0	0
桂林市	灵川县、资源县、灌阳县、龙胜各族自治县、恭城瑶族自治县、荔浦市、临桂区、永福县	39	19	18
河池市	都安瑶族自治县、大化瑶族自治县、天峨县、东兰县	9	3	5
贺州市	富川瑶族自治县、钟山县	12	2	1

地级市	县（市、区）	辣椒/份	茄子/份	番茄/份
来宾市	合山市、忻城县、金秀瑶族自治县、象州县	3	0	1
柳州市	柳城县、柳江区、融水苗族自治县、鹿寨县、三江侗族自治县、融安县	14	1	6
南宁市	隆安县、马山县、武鸣区	14	0	4
钦州市	灵山县	2	0	0
梧州市	蒙山县	0	1	1
玉林市	兴业县	0	1	0
合计		142	33	55

二、茄果类种质资源类型

1. 辣椒

在已鉴定的 142 份辣椒种质资源中，主要类型为朝天椒，少量线椒、牛角椒、羊角椒、甜椒、五彩椒、灯笼椒，资源的果形、果色差别较大，果形有长指形、线形、樱桃形、灯笼形等，果色有绿色、黄绿色、白色等，单果重 0.23～138g。其中，137 份属于本地栽培种，5 份为野生资源。137 份栽培辣椒中，朝天椒 86 份，占辣椒资源总份数的 62.77%。5 份野生资源均为朝天椒类型，果形短指形，果实大小不一，有些小如米粒。2015～2018 年收集的 142 份辣椒种质资源类型与 20 世纪 60 年代、80 年代、90 年代收集的辣椒种质资源大为不同，142 份辣椒种质资源类型主要是朝天椒，而 20 世纪 60 年代、80 年代、90 年代收集的辣椒种质资源多为牛角椒，主要原因是牛角椒抗性和经济效益较朝天椒差，再加上社会变迁、居民口味改变等因素，辣椒种质资源类型趋向朝天椒转变。

2. 茄子

在已鉴定的 33 份茄子种质资源中，各种资源的果形、果色差异较大，果形有线形、长条形、长筒形、圆形等不同类型，果色有绿色、黑紫色、橘红色、黄色等不同颜色，单果重 0.32～198g。33 份种质资源中，21 份属于茄科茄属栽培种，12 份为野生资源。栽培茄果色及果形多样，果实颜色以紫色最多，有 13 份，占茄子资源总数的 39.39%；白茄 7 份，占茄子资源总数的 21.21%；绿茄 1 份，占茄子资源总数的 3.03%。栽培茄果实形状多为棒状，其中短筒形 10 份，长筒形 8 份，长条形 2 份，线形 1 份。12 份野生资源均为多年生亚灌木类型，果形均为圆形，果实大小、颜色不一，其中 4 份丁茄、2 份刺天茄、3 份喀西茄、3 份水茄。

3. 番茄

在已鉴定的 55 份番茄种质资源中，47 份资源为广西本地野化型番茄，均为无限生长类型樱桃番茄，果实鲜红，果形小，单果重 3～10g，口感偏酸，酸度为 0.64%～1.08%；维生素含量高于栽培种，含量为 16.5～45.62mg/g，耐寒，抗晚疫病，野化型番茄多收于桂西、桂北山区，该地区的地势环境有效阻隔了番茄的传播，并逐渐演化出各种不同的类型。8 份为广西本地栽培种，均为红果樱桃番茄，3 份为有限生长类型，5 份为无限生长类型，果形多为椭圆形，2 份为圆形，与现今市场广泛推广的品种相比，品质性状不突出，抗病性较差，与 20 世纪 70～80 年代推广的品种相似。

三、茄果类种质资源优异特性

在收集的 230 份茄果类种质资源中，当地农户认为具有优异性状的种质资源有 68 份。其中，具有高产特性的资源有 4 份，具有优良品质特性的资源有 38 份，具有抗病特性的资源有 23 份，具有抗虫特性的资源有 20 份，具有抗旱（或耐旱）特性的资源有 9 份，具有耐寒特性的资源有 8 份，具有耐贫瘠特性的资源有 26 份，具有耐热特性的资源有 2 份。

第二节　辣椒优异资源

1. 上思彩椒

【学名】Solanaceae（茄科）*Capsicum*（辣椒属）*Capsicum annuum*（一年生辣椒）。
【采集地】广西防城港市上思县叫安乡松柏村。
【主要特征特性】该辣椒坐果多，丰产性好，连续坐果能力强，色彩丰富，有乳黄、紫、橙、红等颜色，观赏性较强，果肉厚，口感脆爽较辣、风味好。

名称	株型	果形	单果重 /g	果实纵径 /cm	果实横径 /cm	果面特征	青熟果色	老熟果色	熟性
上思彩椒	开展	圆球形	7.4	2.8	2.6	光滑	乳黄色	红色	中熟

【利用价值】该辣椒可直接用于生产，在当地有 10 年种植历史，是加工与观赏兼用型辣椒，可作为加工型辣椒原料，用酱油腌制或醋泡后作调味品。

 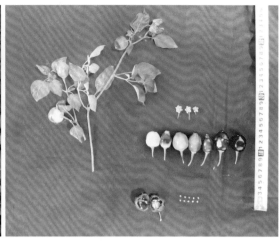

2. 荔浦灯笼椒

【学名】Solanaceae（茄科）*Capsicum*（辣椒属）*Capsicum annuum*（一年生辣椒）。

【采集地】广西桂林市荔浦市蒲芦瑶族乡黎村村。

【主要特征特性】该辣椒连续坐果能力强、坐果集中；早熟性好、耐低温弱光，产量高、经济效益高；果皮薄、果肉厚且口感甜脆。

名称	株型	果形	单果重/g	果实纵径/cm	果实横径/cm	果面特征	青熟果色	老熟果色	熟性
荔浦灯笼椒	半直立	方灯笼形	26.8	5.7	3.8	微皱	乳黄色	红色	早熟

【利用价值】在当地有 15 年种植历史，主要分布于桂林市荔浦市、贺州市钟山县等地，是一种高档特色水果甜椒。富含维生素、类胡萝卜素、酚类物质和类黄酮等抗氧化剂，具有较高的食用价值。可用于培育早熟、耐寒、耐弱光灯笼椒品种，适合行间栽培或作为盆栽。

3. 钟山灯笼椒

【学名】Solanaceae（茄科）*Capsicum*（辣椒属）*Capsicum annuum*（一年生辣椒）。

【采集地】广西贺州市钟山县清塘镇。

【主要特征特性】该辣椒早熟性好，产量高、经济效益好；光泽度好，果皮薄、果肉厚且口感甜脆。

名称	株型	果形	单果重 /g	果实纵径 /cm	果实横径 /cm	果面特征	青熟果色	老熟果色	熟性
钟山灯笼椒	半直立	扁灯笼形	30.0	4.5	5.6	皱	乳黄色	红色	早熟

【利用价值】常于山地种植，在当地有 20 年种植历史，是一种特色水果甜椒，以鲜食为主，当地常将其制成辣椒酿食用。适合设施栽培，可作为灯笼椒亲本用来培育早熟或黄皮灯笼椒。

4. 恭城灯笼椒

【学名】Solanaceae（茄科）*Capsicum*（辣椒属）*Capsicum annuum*（一年生辣椒）。

【采集地】广西桂林市恭城瑶族自治县三江乡对面岭村。

【主要特征特性】该辣椒早熟性好，产量高，果皮薄、果肉厚且口感甜脆，颜色鲜亮，转色过程中有橙色。

名称	株型	果形	单果重 /g	果实纵径 /cm	果实横径 /cm	果面特征	青熟果色	老熟果色	熟性
恭城灯笼椒	半直立	扁灯笼形	21.4	6.4	3.7	皱	乳黄色	红色	早熟

【利用价值】当地以青熟果鲜食为主，可凉拌、炒食、制作辣椒酿等，有 18 年种植历史。适合设施栽培，可作为灯笼椒亲本用来培育早熟或黄皮灯笼椒。

5. 铜座辣椒

【学名】Solanaceae（茄科）*Capsicum*（辣椒属）*Capsicum annuum*（一年生辣椒）。

【采集地】广西桂林市资源县梅溪乡铜座村。

【主要特征特性】该辣椒早熟性好，产量高，连续坐果能力强，采收期长，辣味适中。

名称	株型	果形	单果重 /g	果实纵径 /cm	果实横径 /cm	果面特征	青熟果色	老熟果色	熟性
铜座辣椒	半直立	短牛角形	14.2	7.7	2.4	微皱	绿色	红色	早熟

【利用价值】该资源在当地已有 40 年种植历史，食用方式广泛且方便，可青食、红食、炒食、腌食，易加工、易储藏，可作为亲本用于早熟辣椒品种的选育。

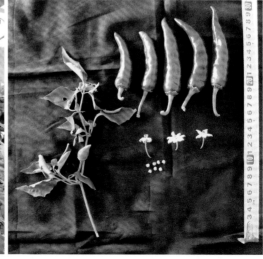

6. 恭城辣椒

【学名】Solanaceae（茄科）*Capsicum*（辣椒属）*Capsicum annuum*（一年生辣椒）。

【采集地】广西桂林市恭城瑶族自治县三江乡黄坪村。

【主要特征特性】该辣椒生长势强，坐果多，光泽度高，果肉厚，产量高，转色过程中有橙色，颜色鲜亮，抗病性较强，耐贫瘠。

名称	株型	果形	单果重 /g	果实纵径 /cm	果实横径 /cm	果面特征	青熟果色	老熟果色	熟性
恭城辣椒	半直立	长灯笼形	42.9	9.5	3.8	微皱	深绿色	红色	早熟

【利用价值】该辣椒在当地已有 50 年种植历史，常用于鲜食，如制作辣椒酿等，可作为耐热育种材料选育设施栽培品种。

 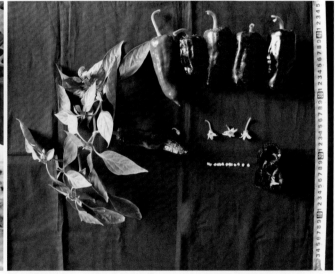

7. 水头辣椒

【学名】Solanaceae（茄科）*Capsicum*（辣椒属）*Capsicum annuum*（一年生辣椒）。

【采集地】广西桂林市资源县瓜里乡水头村。

【主要特征特性】该辣椒早熟性好，坐果多，耐低温，皮薄，易干。

名称	株型	果形	单果重 /g	果实纵径 /cm	果实横径 /cm	果面特征	青熟果色	老熟果色	熟性
水头辣椒	半直立	长牛角形	16.7	11.5	2.3	微皱	绿色	红色	早熟

【利用价值】在当地有 30 年种植历史，以鲜食青椒、红椒为主，可用于制作干椒。

8. 资源辣椒

【**学名**】Solanaceae（茄科）*Capsicum*（辣椒属）*Capsicum annuum*（一年生辣椒）。

【**采集地**】广西桂林市资源县资源镇石溪头村。

【**主要特征特性**】该辣椒早熟性好，连续坐果能力强，肉厚，颜色鲜亮，辣度适中。

名称	株型	果形	单果重 /g	果实纵径 /cm	果实横径 /cm	果面特征	青熟果色	老熟果色	熟性
资源辣椒	半直立	长羊角形	21.4	13.3	2.4	微皱	绿色	红色	早熟

【**利用价值**】在当地有 15 年种植历史，以鲜食青椒、红椒为主，可用于早熟羊角椒品种的选育。

9. 龙胜辣椒

【学名】Solanaceae（茄科）*Capsicum*（辣椒属）*Capsicum annuum*（一年生辣椒）。

【采集地】广西桂林市龙胜各族自治县江底乡龙塘村。

【主要特征特性】该辣椒早熟性好，连续坐果能力强，肉厚，颜色鲜亮，辣度适中，皮薄，易干。

名称	株型	果形	单果重/g	果实纵径/cm	果实横径/cm	果面特征	青熟果色	老熟果色	熟性
龙胜辣椒	半直立	长羊角形	7.1	13.1	1.6	微皱	绿色	红色	早熟

【利用价值】在当地有 50 年种植历史，当地以鲜食为主，可作为辛香调味料，也可用于制作干椒。

10. 大化野山椒

【学名】Solanaceae（茄科）*Capsicum*（辣椒属）*Capsicum frutescens*（灌木辣椒）。

【采集地】广西河池市大化瑶族自治县乙圩乡果好村。

【主要特征特性】该辣椒产量高，辣味浓郁，色泽鲜亮。

名称	株型	果形	单果重/g	果实纵径/cm	果实横径/cm	果面特征	青熟果色	老熟果色	熟性
大化野山椒	直立	短指形	0.8	3.1	0.8	微皱	黄绿色	红色	晚熟

【利用价值】采摘青熟果，加工成泡椒，作为辛辣副食品的调料。

11. 隆林野山椒

【学名】Solanaceae（茄科）*Capsicum*（辣椒属）*Capsicum frutescens*（灌木辣椒）。

【采集地】广西百色市隆林各族自治县者保乡江同村。

【主要特征特性】该辣椒产量高，辣味浓郁，色泽鲜亮，籽多。

名称	株型	果形	单果重/g	果实纵径/cm	果实横径/cm	果面特征	青熟果色	老熟果色	熟性
隆林野山椒	直立	短指形	1.2	3.7	0.9	微皱	黄绿色	红色	晚熟

【利用价值】采摘青熟果，制成泡椒，作为辛辣副食品的调料。

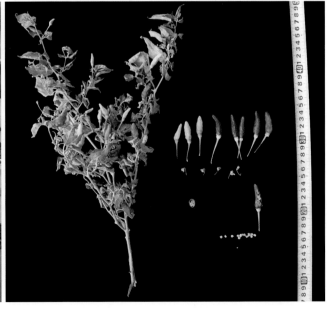

12. 西林野山椒

【学名】Solanaceae（茄科）*Capsicum*（辣椒属）*Capsicum frutescens*（灌木辣椒）。

【采集地】广西百色市西林县古障镇妈蒿村。

【主要特征特性】该辣椒丰产性好，辣度高，色泽鲜亮。

名称	株型	果形	单果重/g	果实纵径/cm	果实横径/cm	果面特征	青熟果色	老熟果色	熟性
西林野山椒	直立	短指形	1.2	3.7	1.0	皱	乳黄色	红色	晚熟

【利用价值】在当地作为辛辣副食品的调料，常加工成泡椒，制作泡椒凤爪等，可作为亲本选育高产野山椒品种。

13. 宁明辣椒

【学名】Solanaceae（茄科）*Capsicum*（辣椒属）*Capsicum annuum*（一年生辣椒）。

【采集地】广西崇左市宁明县峙浪乡峙浪村。

【主要特征特性】该辣椒青熟果颜色为橙色，色彩艳丽，辣味浓郁。

名称	株型	果形	单果重/g	果实纵径/cm	果实横径/cm	果面特征	青熟果色	老熟果色	熟性
宁明辣椒	直立	短指形	2.1	4.1	1.1	光滑	橙色	红色	晚熟

【利用价值】在当地作为辛辣副食品的调料，鲜食或加工成泡椒，可作为亲本用于橙色辣椒品种的选育。

14. 灵川辣椒

【学名】Solanaceae（茄科）*Capsicum*（辣椒属）*Capsicum annuum*（一年生辣椒）。

【采集地】广西桂林市灵川县潭下镇老街村。

【主要特征特性】该辣椒肉厚，颜色鲜亮，辣味足。

名称	株型	果形	单果重 /g	果实纵径 /cm	果实横径 /cm	果面特征	青熟果色	老熟果色	熟性
灵川辣椒	半直立	长指形	4.2	8.8	1.0	光滑	浅绿色	红色	晚熟

【利用价值】在当地有 20 年种植历史，以鲜食为主，适合做辣椒酱，可作为辛辣调料。

15. 灌阳辣椒

【学名】Solanaceae（茄科）*Capsicum*（辣椒属）*Capsicum annuum*（一年生辣椒）。

【采集地】广西桂林市灌阳县文市镇北流村。

【主要特征特性】该辣椒早熟性好，抗病性强，辣味适中，皮薄，易干。

名称	株型	果形	单果重 /g	果实纵径 /cm	果实横径 /cm	果面特征	青熟果色	老熟果色	熟性
灌阳辣椒	半直立	长指形	5.5	8.3	1.2	光滑	绿色	红色	早熟

【利用价值】在当地有 15 年种植历史，以鲜食红椒为主，采收后期用于制作干椒，可用于选育干鲜两用辣椒品种。

16. 灌阳指天椒

【学名】Solanaceae（茄科）*Capsicum*（辣椒属）*Capsicum annuum*（一年生辣椒）。

【采集地】广西桂林市灌阳县西山瑶族乡鹰嘴村。

【主要特征特性】该辣椒光泽度好，颜色鲜亮，辣度高。

名称	株型	果形	单果重 /g	果实纵径 /cm	果实横径 /cm	果面特征	青熟果色	老熟果色	熟性
灌阳指天椒	半直立	短指形	3.0	4.4	1.3	光滑	绿色	红色	晚熟

【利用价值】在当地有 50 年的种植历史，以鲜食为主，可制作辣椒酱。

17. 鱼塘辣椒

【学名】Solanaceae（茄科）*Capsicum*（辣椒属）*Capsicum annuum*（一年生辣椒）。

【采集地】广西桂林市灌阳县灌阳镇鱼塘村。

【主要特征特性】该辣椒早熟性好，坐果多，有一定的观赏性，抗病性较强。

名称	株型	果形	单果重/g	果实纵径/cm	果实横径/cm	果面特征	青熟果色	老熟果色	熟性
鱼塘辣椒	半直立	短锥形	3.2	2.6	1.5	光滑	绿色	红色	早熟

【利用价值】在当地有 12 年种植历史，当地常套种姜、红薯等，用于腌制泡椒，可作为亲本用于早熟朝天椒或观赏类辣椒品种的选育。

18. 翻身村辣椒

【**学名**】Solanaceae（茄科）*Capsicum*（辣椒属）*Capsicum annuum*（一年生辣椒）。

【**采集地**】广西桂林市灌阳县灌阳镇翻身村。

【**主要特征特性**】该辣椒早熟性好，连续坐果能力强，香辣。

名称	株型	果形	单果重 /g	果实纵径 /cm	果实横径 /cm	果面特征	青熟果色	老熟果色	熟性
翻身村辣椒	半直立	短锥形	3.8	3.8	1.5	光滑	绿色	红色	早熟

【**利用价值**】在当地有 10 年种植历史，用于腌制泡椒，可作为亲本用于早熟或观赏型品种的选育。

19. 恭城朝天椒

【**学名**】Solanaceae（茄科）*Capsicum*（辣椒属）*Capsicum annuum*（一年生辣椒）。

【**采集地**】广西桂林市恭城瑶族自治县三江乡对面岭村。

【**主要特征特性**】该辣椒辣度高，香味浓，坐果多。

名称	株型	果形	单果重 /g	果实纵径 /cm	果实横径 /cm	果面特征	青熟果色	老熟果色	熟性
恭城朝天椒	半直立	短指形	3.9	6.5	1.2	光滑	绿色	红色	晚熟

【**利用价值**】在当地已有 20 年的种植历史，常作为辛辣调料，可鲜食、制作辣椒酱等。

20. 西林辣椒

【学名】Solanaceae（茄科）*Capsicum*（辣椒属）*Capsicum annuum*（一年生辣椒）。

【采集地】广西百色市西林县八达镇花贡村。

【主要特征特性】该辣椒坐果多，果长较长，丰产性好，综合抗病性较强，辣度高，香味浓郁。

名称	株型	果形	单果重/g	果实纵径/cm	果实横径/cm	果面特征	青熟果色	老熟果色	熟性
西林辣椒	半直立	长指形	8.1	11.7	1.4	光滑	绿色	红色	早熟

【利用价值】该辣椒在当地已有 50 年的种植历史，用于鲜食，也用于制成干椒，可作为亲本用于干鲜两用朝天椒品种的选育。

21. 宁明彩椒

【学名】Solanaceae（茄科）*Capsicum*（辣椒属）*Capsicum annuum*（一年生辣椒）。

【采集地】广西崇左市宁明县峙浪乡派台村。

【主要特征特性】该辣椒坐果多，抗病性较强，连续坐果能力强，色彩丰富，有乳黄、紫、橙、红等颜色，果肉厚，口感脆爽较辣、风味好。

名称	株型	果形	单果重 /g	果实纵径 /cm	果实横径 /cm	果面特征	青熟果色	老熟果色	熟性
宁明彩椒	开展	圆球形	8.6	2.7	2.7	光滑	乳黄色	红色	中熟

【利用价值】在当地已有 10 年的种植历史，可作为加工型辣椒原料，用酱油腌制或醋泡后作为调味品。

22. 水车辣椒

【学名】Solanaceae（茄科）*Capsicum*（辣椒属）*Capsicum annuum*（一年生辣椒）。

【采集地】广西桂林市灌阳县水车乡东流村。

【主要特征特性】该辣椒丰产性好，果实粗长，果色鲜亮，皮薄。

名称	株型	果形	单果重 /g	果实纵径 /cm	果实横径 /cm	果面特征	青熟果色	老熟果色	熟性
水车辣椒	半直立	长指形	7.4	11.2	1.1	微皱	绿色	红色	中熟

【利用价值】在当地有 20 年的种植历史，常用于鲜食或制成干椒食用，可作为干椒专用品种的育种材料。

23. 江栋野山椒

【**学名**】Solanaceae（茄科）*Capsicum*（辣椒属）*Capsicum frutescens*（灌木辣椒）。

【**采集地**】广西河池市大化瑶族自治县北景乡江栋村。

【**主要特征特性**】该辣椒产量高，辣味浓郁，色泽鲜亮。

名称	株型	果形	单果重 /g	果实纵径 /cm	果实横径 /cm	果面特征	青熟果色	老熟果色	熟性
江栋野山椒	直立	短指形	1.4	4.9	1.1	皱	黄色	红色	晚熟

【**利用价值**】在当地多腌制为泡椒，作为下饭菜食用，该辣椒适合加工成泡椒，可作为亲本用于选育加工型野山椒。

24. 恭城小米椒

【**学名**】Solanaceae（茄科）*Capsicum*（辣椒属）*Capsicum frutescens*（灌木辣椒）。

【**采集地**】广西桂林市恭城瑶族自治县三江乡大地村。

【**主要特征特性**】该辣椒辣味浓郁，抗寒、抗旱能力强，能在较贫瘠的土地生长。

名称	株型	果形	单果重/g	果实纵径/cm	果实横径/cm	果面特征	青熟果色	老熟果色	熟性
恭城小米椒	直立	短指形	1.5	3.1	1.1	微皱	黄色	红色	中熟

【**利用价值**】在当地有70年的种植历史，主要用于加工成泡椒食用，可作为亲本用于耐寒辣椒品种的选育。

25. 靖西野山椒

【**学名**】Solanaceae（茄科）*Capsicum*（辣椒属）*Capsicum frutescens*（灌木辣椒）。

【**采集地**】广西百色市靖西市。

【**主要特征特性**】该辣椒产量高，辣味浓郁，色泽鲜亮。

名称	株型	果形	单果重/g	果实纵径/cm	果实横径/cm	果面特征	青熟果色	老熟果色	熟性
靖西野山椒	直立	短指形	2.1	3.6	1.1	微皱	黄色	红色	晚熟

【**利用价值**】在当地以腌制成泡椒食用为主，用于制作泡椒凤爪等，可作为亲本选育高产的野山椒。

26. 永福朝天椒

【学名】Solanaceae（茄科）*Capsicum*（辣椒属）*Capsicum annuum*（一年生辣椒）。

【采集地】广西桂林市永福县。

【主要特征特性】该辣椒抗逆性较强，耐储运，味香辣。

名称	株型	果形	单果重/g	果实纵径/cm	果实横径/cm	果面特征	青熟果色	老熟果色	熟性
永福朝天椒	半直立	短指形	3.5	7.7	1.0	微皱	绿色	红色	中熟

【利用价值】在当地常鲜食或制成辣椒酱食用。

27. 柳城朝天椒

【**学名**】Solanaceae（茄科）*Capsicum*（辣椒属）*Capsicum annuum*（一年生辣椒）。

【**采集地**】广西柳州市柳城县大埔镇龙台村。

【**主要特征特性**】该辣椒抗逆性较强，坐果多，耐储运。

名称	株型	果形	单果重 /g	果实纵径 /cm	果实横径 /cm	果面特征	青熟果色	老熟果色	熟性
柳城朝天椒	半直立	短指形	3.0	6.5	1.0	微皱	浅绿色	红色	中熟

【**利用价值**】在当地以鲜食为主，可作为辛辣调料。

28. 恭城彩椒

【**学名**】Solanaceae（茄科）*Capsicum*（辣椒属）*Capsicum annuum*（一年生辣椒）。

【**采集地**】广西桂林市恭城瑶族自治县莲花镇蒲源村。

【**主要特征特性**】该辣椒辣味浓郁，耐贫瘠，耐旱，适应性强，连续坐果能力强。

名称	株型	果形	单果重 /g	果实纵径 /cm	果实横径 /cm	果面特征	青熟果色	老熟果色	熟性
恭城彩椒	开展	圆球形	7.3	2.7	2.8	光滑	乳黄色、紫色	红色	中熟

【**利用价值**】在当地常用酱油、醋腌制食用，观赏加工兼用，可作为加工型辣椒原料，用于制作泡椒。

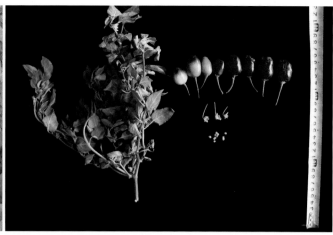

29. 资源牛角椒

【**学名**】Solanaceae（茄科）*Capsicum*（辣椒属）*Capsicum annuum*（一年生辣椒）。

【**采集地**】广西桂林市资源县瓜里乡金江村。

【**主要特征特性**】该辣椒丰产性好，连续坐果能力强，辣度适中。

名称	株型	果形	单果重 /g	果实纵径 /cm	果实横径 /cm	果面特征	青熟果色	老熟果色	熟性
资源牛角椒	半直立	短牛角形	15.7	8.7	2.4	微皱	绿色	红色	早熟

【**利用价值**】在当地有 60 年的种植历史，常用于鲜食，可作为选育早熟辣椒品种的亲本。

30. 瓜里辣椒

【**学名**】Solanaceae（茄科）*Capsicum*（辣椒属）*Capsicum annuum*（一年生辣椒）。

【**采集地**】广西桂林市资源县瓜里乡金江村。

【**主要特征特性**】该辣椒早熟性好，产量高，连续坐果能力强，采收期较长，光泽度高。

名称	株型	果形	单果重/g	果实纵径/cm	果实横径/cm	果面特征	青熟果色	老熟果色	熟性
瓜里辣椒	半直立	长牛角形	18.4	10.7	2.4	微皱	绿色	红色	早熟

【**利用价值**】在当地有50年的种植历史，可青食、红食、炒食，可作为早熟辣椒品种选育的亲本。

第三节　茄子优异资源

1. 黄坪线茄

【**学名**】Solanaceae（茄科）*Solanum*（茄属）*Solanum melongena*（茄）。

【**采集地**】广西桂林市恭城瑶族自治县三江乡黄坪村。

【**主要特征特性**】该茄子资源植株长势较强，中抗青枯病，坐果性好，商品光泽度好，肉质细腻柔嫩，皮薄籽少。

名称	株型	株高 /cm	分枝性	叶形	果形	商品果色	果实纵径 /cm	果实横径 /cm	单果重 /g
黄坪线茄	半直立	76.0	强	长卵圆形	线形	鲜紫色	27.6	4.5	87.0

【利用价值】该资源在当地有 30 年的种植历史，食用方式多样，焖炒皆可。可直接应用于生产，或用作茄子抗病及改良果实品质的育种材料。

2.蒙山茄

【学名】Solanaceae（茄科）*Solanum*（茄属）*Solanum melongena*（茄）。

【采集地】广西梧州市蒙山县蒙山镇回龙村。

【主要特征特性】该茄子具有较好的品质，产量高，中抗黄萎病。

名称	株型	株高 /cm	分枝性	叶形	果形	商品果色	果实纵径 /cm	果实横径 /cm	单果重 /g
蒙山茄	半直立	81.3	强	长卵圆形	长筒形	鲜紫色	27.0	5.8	146.0

【利用价值】该种质在当地具有 30 年种植历史，是当地主要的蔬菜品种之一，食用方式以炒食为主。可直接应用于生产，或作为茄子抗病及改良果实品质的育种材料。

3. 城岭绿茄

【学名】Solanaceae（茄科）*Solanum*（茄属）*Solanum melongena*（茄）。

【采集地】广西桂林市龙胜各族自治县江底乡城岭村。

【主要特征特性】该茄子具有较好的品质，肉质细嫩，果形顺直，颜色有光泽，中抗黄萎病、青枯病。

名称	株型	株高 /cm	分枝性	叶形	果形	商品果色	果实纵径 /cm	果实横径 /cm	单果重 /g
城岭绿茄	半直立	85.0	中	长卵圆形	长筒形	绿色	21.3	4.8	161.7

【利用价值】该种质在当地有 10 年种植历史，果色亮丽，食用方式以炒食为主。可直接应用于生产，或作为茄子抗病及改良果实品质的育种材料。

4. 黎村茄子

【学名】Solanaceae（茄科）*Solanum*（茄属）*Solanum melongena*（茄）。

【采集地】广西桂林市荔浦市蒲芦瑶族乡黎村村。

【主要特征特性】该茄子具有较好的品质，肉质细嫩，颜色有光泽，中抗黄萎病、青枯病。

名称	株型	株高/cm	分枝性	叶形	果形	商品果色	果实纵径/cm	果实横径/cm	单果重/g
黎村茄子	半直立	52.3	弱	长卵圆形	短筒形	浅绿色	15.7	7.8	208.4

【利用价值】该种质在当地有 35 年种植历史，主要用于食用，肉质细腻，纤维少，在当地很受欢迎。可直接应用于生产，或作为茄子抗病及改良果实品质的育种材料。

5. 瓜里白茄

【学名】Solanaceae（茄科）*Solanum*（茄属）*Solanum melongena*（茄）。

【采集地】广西桂林市资源县瓜里乡水头村。

【主要特征特性】该茄子具有较好的品质，肉质细嫩，颜色有光泽，耐寒性强。

名称	株型	株高 /cm	分枝性	叶形	果形	商品果色	果实纵径 /cm	果实横径 /cm	单果重 /g
瓜里白茄	半直立	64.0	中	长卵圆形	短筒形	白色	18.0	7.0	184.0

【利用价值】该种质在当地有 35 年种植历史，在瓜里乡广泛种植，食用方式以焖炒为主。可直接应用于生产，或作为茄子改良果实品质的育种材料。

6. 马头白茄

【学名】Solanaceae（茄科）*Solanum*（茄属）*Solanum melongena*（茄）。

【采集地】广西桂林市灌阳县灌阳镇马头村。

【主要特征特性】该茄子具有较好的品质，颜色有光泽，抗青枯病。

名称	株型	株高 /cm	分枝性	叶形	果形	商品果色	果实纵径 /cm	果实横径 /cm	单果重 /g
马头白茄	半直立	46.0	强	卵圆形	卵圆形	白色	14.5	6.1	132.0

【利用价值】该种质在当地有 35 年种植历史，在瑶族聚居地广泛种植，是当地名菜茄子酿的主要材料。可直接应用于生产，或作为茄子抗病、改良果实品质的育种材料。

7. 梅溪紫茄

【学名】Solanaceae（茄科）*Solanum*（茄属）*Solanum melongena*（茄）。

【采集地】广西桂林市资源县梅溪乡铜座村。

【主要特征特性】该茄子具有较好的品质，果皮颜色浅紫色，坐果多，产量高，中抗黄萎病。

名称	株型	株高/cm	分枝性	叶形	果形	商品果色	果实纵径/cm	果实横径/cm	单果重/g
梅溪紫茄	开展	62.0	中	长卵圆形	短棒形	浅紫色	18.5	4.5	163.6

【利用价值】该种质在当地有30年种植历史，食用方式以焖炒为主。可直接应用于生产，或作为茄子抗病、改良果实品质的育种材料。

8. 西林茄

【学名】Solanaceae（茄科）*Solanum*（茄属）*Solanum melongena*（茄）。

【采集地】广西百色市西林县八达镇坡皿村。

【主要特征特性】该茄子综合品质优良，果实品质较好，高抗青枯病，中抗黄萎病，中抗绵疫病，耐热性强。

名称	株型	株高 /cm	分枝性	叶形	果形	商品果色	果实纵径 /cm	果实横径 /cm	单果重 /g
西林茄	直立	59.6	弱	卵形	卵圆形	浅紫色	12.3	5.2	168.8

【利用价值】该茄子在当地有 30～40 年的种植历史，以食用为主，部分农户将其作为番茄、茄子嫁接的砧木。可直接作为番茄或者茄子砧木，或作为茄子抗病、改良果实品质的育种材料。

9. 那哄紫茄

【学名】Solanaceae（茄科）*Solanum*（茄属）*Solanum melongena*（茄）。

【采集地】广西百色市隆林各族自治县者保乡雅口村那哄屯。

【主要特征特性】该茄子具有较好的品质，纤维含量少，耐贫瘠性强，对青枯病、黄萎病具有较强抗性。

名称	株型	株高 /cm	分枝性	叶形	果形	商品果色	果实纵径 /cm	果实横径 /cm	单果重 /g
那哄紫茄	半直立	63.4	强	长卵圆形	短筒形	浅紫色	27.5	8.1	72.8

【利用价值】该茄子在当地具有 20～30 年的种植历史，是当地的主要茄子品种之一。可直接作为番茄或者茄子砧木，或作为茄子抗病、改良果实品质的育种材料。

10. 瓜里紫茄

【学名】Solanaceae（茄科）*Solanum*（茄属）*Solanum melongena*（茄）。

【采集地】广西桂林市资源县瓜里乡水头村。

【主要特征特性】该茄子耐寒性强，高抗青枯病，中抗黄萎病，中抗绵疫病。

名称	株型	株高 /cm	分枝性	叶形	果形	商品果色	果实纵径 /cm	果实横径 /cm	单果重 /g
瓜里紫茄	半直立	68.0	弱	长卵圆形	棒状	鲜紫色	17.3	6.2	96.2

【利用价值】该种质在当地有 20～30 年种植历史，在瓜里乡广泛种植，食用方式有焖炒、酿菜等。可直接作为番茄或者茄子砧木，或作为茄子抗病育种材料。

11. 金江茄

【**学名**】Solanaceae（茄科）*Solanum*（茄属）*Solanum melongena*（茄）。

【**采集地**】广西桂林市资源县瓜里乡金江村。

【**主要特征特性**】该茄子果肉颜色为绿色，肉质细腻，耐寒性强，高抗青枯病，中抗绵疫病。

名称	株型	株高 /cm	分枝性	叶形	果形	商品果色	果实纵径 /cm	果实横径 /cm	单果重 /g
金江茄	半直立	48.0	弱	卵圆形	短筒形	浅紫色	14.5	5.2	80.6

【**利用价值**】该种质在当地有 10～15 年的种植历史，是当地主要的茄子品种之一。可直接作为番茄或者茄子砧木，或作为茄子抗病育种材料。

12. 江底绿茄

【**学名**】Solanaceae（茄科）*Solanum*（茄属）*Solanum melongena*（茄）。

【**采集地**】广西桂林市龙胜各族自治县江底乡建新村。

【**主要特征特性**】该茄子果肉颜色为绿色，肉质细腻，耐寒性强，产量高。

名称	株型	株高 /cm	分枝性	叶形	果形	商品果色	果实纵径 /cm	果实横径 /cm	单果重 /g
江底绿茄	半直立	48.0	弱	卵圆形	棒状	绿色	33.6	9.7	201.2

【**利用价值**】该种质在当地广泛种植，已有 30～35 年种植历史，是当地主要的茄子品种之一。可直接作为番茄或者茄子砧木，或作为茄子抗病育种材料。

13. 德峨紫茄

【学名】Solanaceae（茄科）*Solanum*（茄属）*Solanum melongena*（茄）。

【采集地】广西百色市隆林各族自治县德峨镇德峨村。

【主要特征特性】该茄子果肉颜色为绿色，肉质细腻，口感好，耐寒、耐热性优，果实产量高。

名称	株型	株高 /cm	分枝性	叶形	果形	商品果色	果实纵径 /cm	果实横径 /cm	单果重 /g
德峨紫茄	半直立	51.0	弱	卵圆形	长筒形	鲜紫色	36.6	8.5	199.1

【利用价值】该种质在当地苗族聚居地广泛种植，已有60年种植历史，肉质软，口感甜，焖炒食用。可直接作为番茄或者茄子砧木，或作为茄子育种材料。

14. 西林红茄

【学名】Solanaceae（茄科）*Solanum*（茄属）*Solanum integrifolium*（红茄）。

【采集地】广西百色市西林县西平乡平上村。

【主要特征特性】植株长势旺，果实艳丽美观，耐贫瘠性强，不耐寒，高抗青枯病，高抗黄萎病，抗绵疫病，抗逆性强。

名称	株型	株高 /cm	分枝性	叶形	果形	商品果色	果实纵径 /cm	果实横径 /cm	单果重 /g
西林红茄	半直立	123.0	强	长卵形	扁圆形	红色	3.8	4.3	35.7

【利用价值】该种质在野外分布较少，只在高山地区才发现少数植株，当地主要用于观赏，也可用作砧木。

15. 灵川喀西茄

【**学名**】Solanaceae（茄科）*Solanum*（茄属）*Solanum aculeatissimum*（喀西茄）。

【**采集地**】广西桂林市灵川县灵田镇永正村。

【**主要特征特性**】高抗青枯病，高抗黄萎病，抗绵疫病。

名称	株型	株高 /cm	分枝性	叶形	果形	商品果色	果实纵径 /cm	果实横径 /cm	单果重 /g
灵川喀西茄	直立	119.5	强	卵圆形	圆球形	白绿色	2.20	2.43	34.1

【**利用价值**】该种质又名苦颠茄、苦天茄，在当地野外比较常见，茎叶多刺，果实微毒，具有消炎解毒、镇痉止痛功效。当地以医药用为主，用于治疗牙疼、跌倒疼等，除药用价值外还可开发作为砧木使用。

16. 西林刺天茄

【学名】Solanaceae（茄科）*Solanum*（茄属）*Solanum violaceum*（刺天茄）。

【采集地】广西百色市西林县西平乡八桥村。

【主要特征特性】植株高大，茎叶无刺，高抗青枯病和黄萎病。

名称	株型	株高 /cm	分枝性	叶形	果形	商品果色	果实纵径 /cm	果实横径 /cm	单果重 /g
西林刺天茄	直立	156.0	强	长卵圆形	圆球形	橘红色	0.9	1.0	0.8

【利用价值】该种质在当地比较常见，分布于路边灌丛、荒地、草坡或疏林中，长势旺，抗病性强。可直接作为番茄或者茄子砧木，或作为茄子砧木的育种材料。

17. 龙胜牛茄子

【学名】Solanaceae（茄科）*Solanum*（茄属）*Solanum capsicoides*（牛茄子）。

【采集地】广西桂林市龙胜各族自治县三门镇花坪村。

【主要特征特性】茎秆及叶面光滑无毛，果实有毒，初绿白色，成熟后橘红色。

名称	株型	株高 /cm	分枝性	叶形	果形	商品果色	果实纵径 /cm	果实横径 /cm	单果重 /g
龙胜牛茄子	直立	94.7	强	长卵圆形	扁圆形	橘红色	2.7	3.5	16.2

【利用价值】该种质在当地也叫丁茄，常分布于路边灌丛、荒地、草坡或疏林中，当地人用其入药，根或全株可入药，具有活血散瘀、麻醉止痛、镇咳平喘的功效。

18. 龙怀喀西茄

【学名】Solanaceae（茄科）*Solanum*（茄属）*Solanum aculeatissimum*（喀西茄）。

【采集地】广西桂林市荔浦市龙怀乡东坪村。

【主要特征特性】高抗青枯病，高抗黄萎病，抗绵疫病。

名称	株型	株高 /cm	分枝性	叶形	果形	商品果色	果实纵径 /cm	果实横径 /cm	单果重 /g
龙怀喀西茄	半直立	123.3	强	卵圆形	圆球形	白绿色	2.2	2.5	6.9

【利用价值】该种质又名苦颠茄、苦天茄，在当地野外比较常见，分布于路边灌丛、荒地、草坡或疏林中。当地以医药用为主，具有消炎解毒、镇痉止痛的功效，除药用价值外还可开发为砧木使用。

第四节　番茄优异资源

1. 黄江小番茄

【**学名**】Solanaceae（茄科）*Lycopersicon*（番茄属）*Lycopersicon esculentum*（番茄）。

【**采集地**】广西桂林市龙胜各族自治县龙脊镇黄江村。

【**主要特征特性**】该番茄植株生长旺盛，果面光滑，果实颜色亮丽，产量较高，品质一般，耐寒性强，中抗青枯病。

名称	生长习性	叶片类型	叶形	花序类型	成熟果色	果面棱沟	商品果纵径/mm	商品果横径/mm	果形	心室数	单果重/g	胎座胶状物质颜色
黄江小番茄	无限生长	普通叶型	羽状复叶	单式花序	红色	中	34.0	37.1	圆形	3	27.2	红色

【**利用价值**】该种质在当地有 10 年的种植历史，常用于鲜食、做菜，可直接作为番茄砧木，或作为抗病育种材料。

2. 玉洪毛秀才

【学名】Solanaceae（茄科）*Lycopersicon*（番茄属）*Lycopersicon esculentum*（番茄）。

【采集地】广西百色市凌云县玉洪瑶族乡那洪村。

【主要特征特性】植株长势旺，耐寒性强，味酸，产量较低，高抗晚疫病、叶霉病。

名称	生长习性	叶片类型	叶形	花序类型	成熟果色	果面棱沟	商品果纵径/mm	商品果横径/mm	果形	心室数	单果重/g	胎座胶状物质颜色
玉洪毛秀才	无限生长	普通叶型	二回羽状复叶	单式花序	红色	无	20.8	25.0	圆形	3	8.0	红色

【利用价值】该种质在当地被称为毛秀才，是当地主要的酸味调味品，可直接用于生产，或作为番茄抗病、改良果实品质的育种材料。

3. 灵田小番茄

【**学名**】Solanaceae（茄科）*Lycopersicon*（番茄属）*Lycopersicon esculentum*（番茄）。

【**采集地**】广西桂林市灵川县灵田镇永正村。

【**主要特征特性**】该番茄耐寒性强，果实小，味酸，番茄风味足，高抗叶霉病，中抗晚疫病。

名称	生长习性	叶片类型	叶形	花序类型	成熟果色	果面棱沟	商品果纵径/mm	商品果横径/mm	果形	心室数	单果重/g	胎座胶状物质颜色
灵田小番茄	无限生长	普通叶型	羽状复叶	单式花序	红色	无	18.1	20.6	高圆形	2	4.3	红色

【**利用价值**】该种质是当地菜肴重要的酸味来源，可直接用于生产，或作为番茄抗病、改良果实品质的育种材料。

4. 龙台番茄

【**学名**】Solanaceae（茄科）*Lycopersicon*（番茄属）*Lycopersicon esculentum*（番茄）。

【**采集地**】广西柳州市柳城县大埔镇龙台村。

【**主要特征特性**】该番茄长势旺，最高可长到2.3m，分枝性强，果实酸度高，番茄风味浓郁，对晚疫病、叶斑病有很强的抗性。

名称	生长习性	叶片类型	叶形	花序类型	成熟果色	果面棱沟	商品果纵径/mm	商品果横径/mm	果形	心室数	单果重/g	胎座胶状物质颜色
龙台番茄	无限生长	普通叶型	二回羽状复叶	单式花序	红色	无	19.3	21.5	扁圆形	2	5.3	红色

【**利用价值**】该番茄在当地用来鲜食或者做菜，味酸，是很好的调味品，可直接用于生产，或作为番茄抗病、改良果实品质的育种材料。

5. 龙脊番茄

【学名】Solanaceae（茄科）*Lycopersicon*（番茄属）*Lycopersicon esculentum*（番茄）。

【采集地】广西桂林市龙胜各族自治县龙脊镇马海村。

【主要特征特性】该番茄耐热性强，果实风味浓郁，糖酸比适宜，口感好。

名称	生长习性	叶片类型	叶形	花序类型	成熟果色	果面棱沟	商品果纵径/mm	商品果横径/mm	果形	心室数	单果重/g	胎座胶状物质颜色
龙脊番茄	无限生长	普通叶型	羽状复叶	单式花序	红色	无	24.6	27.0	高圆形	2	10.2	红色

【利用价值】该种质在当地有 10 年的种植历史，以鲜食为主，深受当地人喜爱，可直接用于生产，或作为番茄改良果实品质的育种材料。

6. 三门番茄

【**学名**】Solanaceae（茄科）*Lycopersicon*（番茄属）*Lycopersicon esculentum*（番茄）。

【**采集地**】广西桂林市龙胜各族自治县三门镇大罗村。

【**主要特征特性**】该番茄植株分枝性强，果实颜色艳丽，味道酸。

名称	生长习性	叶片类型	叶形	花序类型	成熟果色	果面棱沟	商品果纵径/mm	商品果横径/mm	果形	心室数	单果重/g	胎座胶状物质颜色
三门番茄	无限生长	普通叶型	二回羽状复叶	单式花序	红色	无	21.2	24.1	圆形	2	7.1	红色

【**利用价值**】当地人采集该番茄果实腌制成酸汤，其可用作改良番茄果实风味品质的育种材料。

7. 乙圩番茄

【**学名**】Solanaceae（茄科）*Lycopersicon*（番茄属）*Lycopersicon esculentum*（番茄）。

【**采集地**】广西河池市大化瑶族自治县乙圩乡常怀村。

【**主要特征特性**】植株生长旺盛，果色艳丽，味酸，番茄风味浓郁，抗叶霉病、细菌性斑点病。

名称	生长习性	叶片类型	叶形	花序类型	成熟果色	果面棱沟	商品果纵径/mm	商品果横径/mm	果形	心室数	单果重/g	胎座胶状物质颜色
乙圩番茄	有限生长	普通叶型	二回羽状复叶	单式花序	红色	轻	19.8	22.3	圆形	5	6.3	红色

【**利用价值**】该种质在当地少数民族聚居地发现较多，是当地重要的酸味来源，可用作改良番茄果实风味品质和抗病的育种材料。

8. 逻楼番茄

【学名】Solanaceae（茄科）*Lycopersicon*（番茄属）*Lycopersicon esculentum*（番茄）。

【采集地】广西百色市凌云县逻楼镇磨村村。

【主要特征特性】该番茄风味浓，酸度高，高抗叶斑病和细菌性斑点病。

名称	生长习性	叶片类型	叶形	花序类型	成熟果色	果面棱沟	商品果纵径/mm	商品果横径/mm	果形	心室数	单果重/g	胎座胶状物质颜色
逻楼番茄	无限生长	普通叶型	羽状复叶	单式花序	红色	无	20.2	22.3	高圆形	2	6.3	红色

【利用价值】该种质在当地被称为毛秀才，是重要的酸味调料，可用作抗病或改良番茄果实风味品质的育种材料。

9. 者保番茄

【**学名**】Solanaceae（茄科）*Lycopersicon*（番茄属）*Lycopersicon esculentum*（番茄）。

【**采集地**】广西百色市隆林各族自治县者保乡雅口村。

【**主要特征特性**】植株生长旺盛，果色艳丽，味酸，抗青枯病、黄萎病和晚疫病。

名称	生长习性	叶片类型	叶形	花序类型	成熟果色	果面棱沟	商品果纵径/mm	商品果横径/mm	果形	心室数	单果重/g	胎座胶状物质颜色
者保番茄	无限生长	普通叶型	羽状复叶	单式花序	红色	中	31.4	37.7	扁圆形	2	25.6	红色

【**利用价值**】该种质在当地用来鲜食或者做菜，味酸，是很好的调味品，是做酸汤的重要原材料，可直接用作砧木，或作为抗病、改良番茄果实风味品质的育种材料。

10. 平果番茄

【**学名**】Solanaceae（茄科）*Lycopersicon*（番茄属）*Lycopersicon esculentum*（番茄）。

【**采集地**】广西百色市平果市同老乡同老村。

【**主要特征特性**】该种质抗病性强，果实颜色亮丽，高抗晚疫病和青枯病，耐寒性强。

名称	生长习性	叶片类型	叶形	花序类型	成熟果色	果面棱沟	商品果纵径/mm	商品果横径/mm	果形	心室数	单果重/g	胎座胶状物质颜色
平果番茄	无限生长	普通叶型	羽状复叶	双歧花序	红色	无	12.1	13.5	圆形	2	4.3	红色

【**利用价值**】该种质在当地被称为毛秀才，是重要的酸味调料，可直接用作砧木，或作为抗病、改良番茄果实风味品质的育种材料。

11. 融安番茄

【学名】Solanaceae（茄科）*Lycopersicon*（番茄属）*Lycopersicon esculentum*（番茄）。

【采集地】广西柳州市融安县沙子乡沙子村。

【主要特征特性】该种质果实转色慢，味道偏酸，高抗青枯病，抗逆性强。

名称	生长习性	叶片类型	叶形	花序类型	成熟果色	果面棱沟	商品果纵径/mm	商品果横径/mm	果形	心室数	单果重/g	胎座胶状物质颜色
融安番茄	无限生长	普通叶型	羽状复叶	单式花序	红色	无	22.4	23.4	高圆形	2	7.9	红色

【利用价值】该种质在当地少数民族地区发现较多，是当地重要的酸味来源，可开发为砧木利用。

12. 德峨番茄

【**学名**】Solanaceae（茄科）*Lycopersicon*（番茄属）*Lycopersicon esculentum*（番茄）。

【**采集地**】广西百色市隆林各族自治县德峨镇金平村。

【**主要特征特性**】植株生长势旺，果实风味独特，糖酸比适中，抗叶霉病，耐寒，耐贫瘠。

名称	生长习性	叶片类型	叶形	花序类型	成熟果色	果面棱沟	商品果纵径/mm	商品果横径/mm	果形	心室数	单果重/g	胎座胶状物质颜色
德峨番茄	无限生长	普通叶型	二回羽状复叶	单式花序	橘红色	轻	25.1	31.2	圆形	3	14.7	红色

【**利用价值**】该种质在当地有 10 年的种植历史，在当地石山地区长势较好，当地以鲜食为主，可直接应用于生产，或作为抗病、改良果实品质的材料。

13. 江同野番茄

【学名】Solanaceae（茄科）*Lycopersicon*（番茄属）*Lycopersicon esculentum*（番茄）。

【采集地】广西百色市隆林各族自治县者保乡江同村。

【主要特征特性】植株长势旺盛，风味浓郁，味偏酸，高抗青枯病和晚疫病。

名称	生长习性	叶片类型	叶形	花序类型	成熟果色	果面棱沟	商品果纵径/mm	商品果横径/mm	果形	心室数	单果重/g	胎座胶状物质颜色
江同野番茄	无限生长	普通叶型	羽状复叶	单式花序	红色	无	22.6	22.6	高圆形	2	7.1	红色

【利用价值】该种质在当地用来鲜食或者做菜，味酸，是很好的调味品，是做酸汤的重要原材料，可直接用作砧木，或作为抗病、改良番茄果实风味品质的育种材料。

第四章
广西豆类蔬菜

第一节　概　述

　　豆类在广西种植历史悠久，有着丰富的种质资源，主要有豇豆、菜豆和峨眉豆等，其中知名的地方品种有桂林长线豆、桂林秋风豆、南宁甜豆角、柳州青豆角、法国豆、白峨眉豆和红峨眉豆等。广西四季温和，无霜期长，日照充足，降水丰沛，非常适合豆类作物生长，为豆类蔬菜的地方种质资源呈现多样性提供了良好的环境条件。

一、豆类蔬菜种质资源调查收集和分布

　　2015～2018年，在项目实施期间共收集豆类蔬菜种质资源130份，均为地方栽培品种，其中豇豆94份，菜豆8份，扁豆10份，四棱豆2份，黎豆3份，刀豆2份，棉豆6份，豌豆2份，其他豆类3份。

　　收集的豆类蔬菜种质资源来自12个地级市35个县（市、区），其中在桂林市9个县（市、区）和百色市5个县（市）收集的豆类蔬菜种质资源较多，分别为37份和24份，占28.46%和18.46%（表4-1）。

表 4-1　收集的豆类蔬菜种质资源在广西的分布情况

地级市	县（市、区）	豇豆/份	菜豆/份	扁豆/份	四棱豆/份	黎豆/份	刀豆/份	棉豆/份	豌豆/份	其他豆类/份
百色市	凌云县、隆林各族自治县、西林县、平果市、乐业县	18	1	1	0	1	0	2	1	0
崇左市	凭祥市、扶绥县	2	0	0	0	0	0	0	1	1
防城港市	上思县	2	0	1	0	1	0	0	0	0
贵港市	桂平市	0	0	0	0	0	0	0	0	1
桂林市	灵川县、资源县、灌阳县、龙胜各族自治县、恭城瑶族自治县、荔浦市、临桂区、永福县、阳朔县	31	2	2	0	0	0	2	0	0
河池市	大化瑶族自治县、天峨县、宜州区、罗城仫佬族自治县	3	1	0	0	0	0	0	0	0
贺州市	富川瑶族自治县、钟山县	8	3	3	0	0	2	0	0	0
来宾市	忻城县、金秀瑶族自治县	1	0	0	1	0	0	0	0	0
柳州市	柳城县、柳江区、融水苗族自治县、鹿寨县	9	1	2	0	1	0	2	0	0

地级市	县（市、区）	豇豆/份	菜豆/份	扁豆/份	四棱豆/份	黎豆/份	刀豆/份	棉豆/份	豌豆/份	其他豆类/份
南宁市	兴宁区、马山县、武鸣区	16	0	0	0	0	0	0	0	1
钦州市	灵山县	3	0	1	1	0	0	0	0	0
梧州市	岑溪市	1	0	0	0	0	0	0	0	0
合计		94	8	10	2	3	2	6	2	3

二、豆类蔬菜种质资源类型

1. 豇豆

豇豆在广西豆类蔬菜栽培中面积最大。在已鉴定的 70 份豇豆种质资源中，按生长习性分类，有蔓生型、半蔓型（蔓长约 1.0m）豇豆资源 68 份，矮生型豇豆资源 2 份。大部分豇豆资源为蔓生型和半蔓型；按荚色分类，绿白荚的有 20 份、浅绿荚有 23 份，而绿荚有 10 份、深绿荚有 5 份，紫红色荚有 4 份、红色荚有 1 份及斑纹荚有 7 份。其中，柳州青豆角荚长肉厚，耐储运，煮食、腌酸均可，是柳州螺蛳粉的重要配料。桂林秋风豆口感独特，耐热性强，高抗锈病，分枝性极强，采收期长，在全区各地都有栽培。按商品嫩荚的长度分类，小于 20cm 的短荚有 15 份，荚长 20～50cm 的有 10 份，大于 50cm 的长荚有 45 份（其中，荚长超过 70cm 的有 5 份），其中，桂林长线豆的豆荚绿白色、耐热、耐旱、耐储运，豆荚肉质薄且软，含水分少，尤宜腌酸，是桂林米粉的重要配料。南宁甜豆角的豆荚肉厚且味甜，极不易老化，抗病性、耐热性较强，适宜熟食，极适宜广西南宁的气候条件，符合当地食用习惯。种皮颜色黑色的有 5 份、红至红褐色的 60 份、花斑状的 5 份，大部分豇豆资源种皮颜色为红至红褐色。熟性有早熟的，也有晚熟的。大部分资源生长旺盛，抗逆性普遍较强。

2. 菜豆

菜豆是广西外运和加工的重要蔬菜，在已鉴定的 8 份菜豆种质资源中，按生长习性分类，蔓生型、半蔓型资源 6 份，矮生型资源 2 份；荚为圆棍形的 6 份，荚为扁条形的 2 份。其中，加工型的菜豆亦称青刀豆，常常腌制加工成整条装或段装罐头。从 20 世纪 60 年代起，在南宁市郊区及邻县建立菜豆种植基地，1985 年发展到周边 8 个县（市），面积达 1 万多亩。其产品作为当时轻工业部重点出口创汇品种。大部分菜豆资源品质优，抗旱，耐贫瘠，抗锈病性强。

3.扁豆

在已鉴定的 10 份广西扁豆种质中，按茎色分，紫色茎 7 份，绿色茎 3 份；按花色分，淡紫和紫色花 7 份，白色花 3 份；按荚色分，紫边中绿荚 2 份，绿和淡绿荚 4 份，白色荚 3 份，紫色和紫红色荚 1 份。其中，绿荚扁豆品质好，荚肉纤维少，味甜且丰产。

4.其他豆类

另外，已鉴定四棱豆 2 份，黎豆 3 份，刀豆 2 份，棉豆 6 份，豌豆 2 份，饭豆 2 份，蝶豆 1 份。大多具有抗病、抗逆、优质、丰产等特点，在生产和育种中利用价值大。

三、豆类蔬菜种质资源优异特性

在收集的 130 份豆类蔬菜种质资源中，当地农户认为具有优异性状的种质资源有 40 份。其中，早熟、多荚、耐热的资源有 20 份，晚熟、抗逆的资源有 8 份，品质佳、抗病的资源有 12 份。

第二节　豇豆优异资源

1. 长青豇豆

【学名】Fabaceae（豆科）*Vigna*（豇豆属）*Vigna unguiculata*（豇豆）。
【采集地】广西南宁市武鸣区。
【主要特征特性】该资源早熟，荚多，耐热，抗煤霉病。

名称	花色	株高 /cm	主茎节数	单株分枝数	单荚粒数	荚色	荚长 /cm	荚宽 /cm	单荚重 /g
长青豇豆	白色	350.0	28	3	18	深绿色	57.0	1.0	36.5

【利用价值】目前直接应用于生产，在当地种植 20 年以上，农户自行留种、自产自销，以食用嫩荚或晒干用作干菜为主，可作为早熟、抗煤霉病豇豆品种的育种材料。

2. 马山豆角

【学名】Fabaceae（豆科）*Vigna*（豇豆属）*Vigna unguiculata*（豇豆）。

【采集地】广西南宁市马山县。

【主要特征特性】该资源早熟，耐热性强。

名称	花色	株高 /cm	主茎节数	单株分枝数	单荚粒数	荚色	荚长 /cm	荚宽 /cm	单荚重 /g
马山豆角	紫色	350.0	27	4	15	深绿色	52.3	1.0	32.2

【利用价值】目前直接应用于生产，在当地种植 30 年以上，农户自行留种、自产自销，以食用嫩荚或腌泡为主，可作为早熟、耐热豇豆品种的育种材料。

3. 柳江豇豆

【学名】Fabaceae（豆科）*Vigna*（豇豆属）*Vigna unguiculata*（豇豆）。

【采集地】广西柳州市柳江区。

【主要特征特性】该资源味甜，耐旱，耐储运。

名称	花色	株高 /cm	主茎节数	单株分枝数	单荚粒数	荚色	荚长 /cm	荚宽 /cm	单荚重 /g
柳江豇豆	紫色	370.0	28	2	16	绿色	43.7	1.1	30.3

【利用价值】目前直接应用于生产，在当地种植 25 年以上，农户自行留种、自产自销，以食用嫩荚为主，可作为耐储运豇豆品种的育种材料。

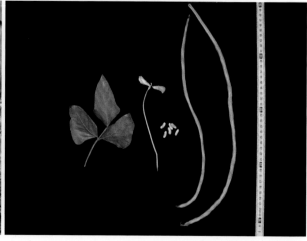

4. 钟山农家豆

【**学名**】Fabaceae（豆科）*Vigna*（豇豆属）*Vigna unguiculata*（豇豆）。

【**采集地**】广西贺州市钟山县。

【**主要特征特性**】该资源早熟，耐热性强。

名称	花色	株高/cm	主茎节数	单株分枝数	单荚粒数	荚色	荚长/cm	荚宽/cm	单荚重/g
钟山农家豆	白色	360.0	30	3	13	绿色	42.3	1.0	28.4

【**利用价值**】目前直接应用于生产，在当地种植 30 年以上，农户自行留种、自产自销，以食用嫩荚或腌泡为主，可作为早熟、耐热豇豆品种的育种材料。

5. 马山长豆

【学名】Fabaceae（豆科）*Vigna*（豇豆属）*Vigna unguiculata*（豇豆）。

【采集地】广西南宁市马山县。

【主要特征特性】该资源早熟，耐热，多荚。

名称	花色	株高 /cm	主茎节数	单株分枝数	单荚粒数	荚色	荚长 /cm	荚宽 /cm	单荚重 /g
马山长豆	白色	280.0	26	3	11	浅绿色	35.0	0.9	24.7

【利用价值】目前直接应用于生产，在当地种植 20 年以上，农户自行留种、自产自销，可食用嫩荚或晒干用作干菜，可作为早熟豇豆品种的育种材料。

6. 武鸣绿豇豆

【学名】Fabaceae（豆科）*Vigna*（豇豆属）*Vigna unguiculata*（豇豆）。

【采集地】广西南宁市武鸣区。

【主要特征特性】该资源早熟，耐热，多荚。

名称	花色	株高 /cm	主茎节数	单株分枝数	单荚粒数	荚色	荚长 /cm	荚宽 /cm	单荚重 /g
武鸣绿豇豆	白色	250.0	21	3	10	绿色	23.0	0.6	18.2

【利用价值】目前直接应用于生产，在当地种植 20 年以上，农户自行留种、自产自销，以食用嫩荚为主，可作为早熟豇豆品种的育种材料。

7. 马山青豆

【学名】Fabaceae（豆科）*Vigna*（豇豆属）*Vigna unguiculata*（豇豆）。

【采集地】广西南宁市马山县。

【主要特征特性】该资源丰产，多荚，耐热性强。

名称	花色	株高/cm	主茎节数	单株分枝数	单荚粒数	荚色	荚长/cm	荚宽/cm	单荚重/g
马山青豆	白色	360.0	34	4	13	绿色	40	0.9	26.3

【利用价值】目前直接应用于生产，在当地种植 30 年以上，农户自行留种、自产自销，以食用嫩荚或腌泡为主，可作为耐热豇豆品种的育种材料。

8. 田林豆角

【学名】Fabaceae（豆科）*Vigna*（豇豆属）*Vigna unguiculata*（豇豆）。

【采集地】广西百色市田林县。

【主要特征特性】该资源豆荚肉厚、味甜，耐热性强。

名称	花色	株高 /cm	主茎节数	单株分枝数	单荚粒数	荚色	荚长 /cm	荚宽 /cm	单荚重 /g
田林豆角	白色	360.0	33	4	15	浅绿色	55.0	0.6	27.5

【利用价值】目前直接应用于生产，在当地种植 25 年以上，农户自行留种、自产自销，以食用嫩荚为主，可作为高品质、耐热豇豆品种的育种材料。

9. 钟山长豆角

【学名】Fabaceae（豆科）*Vigna*（豇豆属）*Vigna unguiculata*（豇豆）。

【采集地】广西贺州市钟山县。

【主要特征特性】该资源丰产，早熟，多荚。

名称	花色	株高 /cm	主茎节数	单株分枝数	单荚粒数	荚色	荚长 /cm	荚宽 /cm	单荚重 /g
钟山长豆角	紫色	350.0	33	3	12	浅绿色	57.0	0.8	25.8

【利用价值】目前直接应用于生产，在当地种植 20 年以上，农户自行留种、自产自销，以食用嫩荚为主，可作为早熟、多荚豇豆品种的育种材料。

10. 钟山青豆

【学名】Fabaceae（豆科）*Vigna*（豇豆属）*Vigna unguiculata*（豇豆）。

【采集地】广西贺州市钟山县。

【主要特征特性】该资源早熟，多荚，爽脆。

名称	花色	株高/cm	主茎节数	单株分枝数	单荚粒数	荚色	荚长/cm	荚宽/cm	单荚重/g
钟山青豆	白色	320.0	18	3	14	绿色	23.0	0.8	13.6

【利用价值】目前直接应用于生产，在当地种植 30 年以上，农户自行留种、自产自销，以食用嫩荚或腌泡为主，可作为加工型豇豆品种的育种材料。

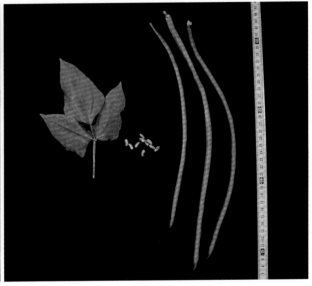

11. 马山秋豆角

【学名】Fabaceae（豆科）*Vigna*（豇豆属）*Vigna unguiculata*（豇豆）。

【采集地】广西南宁市马山县。

【主要特征特性】该资源荚果细长，晚熟，耐热，中抗锈病。

名称	花色	株高/cm	主茎节数	单株分枝数	单荚粒数	荚色	荚长/cm	荚宽/cm	单荚重/g
马山秋豆角	白色	380.0	26	4	15	斑纹	35.6	0.7	21.2

【利用价值】目前直接应用于生产，在当地种植 20 年以上，农户自行留种、自产自销，以食用嫩荚为主，可作为耐热豇豆品种的育种材料。

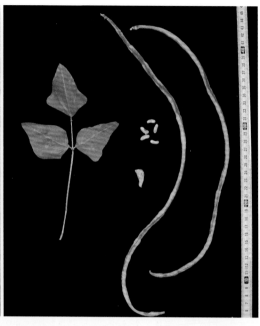

12. 上思短豆

【**学名**】Fabaceae（豆科）*Vigna*（豇豆属）*Vigna unguiculata*（豇豆）。

【**采集地**】广西防城港市上思县公正乡公正村。

【**主要特征特性**】该资源早熟，多荚。

名称	花色	株高 /cm	主茎节数	单株分枝数	单荚粒数	荚色	荚长 /cm	荚宽 /cm	单荚重 /g
上思短豆	紫色	340.0	26	2	16	浅绿色	32.6	0.9	20.3

【**利用价值**】目前直接应用于生产，在当地种植 20 年以上，农户自行留种、自产自销，以食用嫩荚为主，可作为早熟豇豆品种的育种材料。

13. 灵山花豆角

【学名】Fabaceae（豆科）*Vigna*（豇豆属）*Vigna unguiculata*（豇豆）。

【采集地】广西钦州市灵山县太平镇那驮村。

【主要特征特性】该资源早熟，多荚。

名称	花色	株高 /cm	主茎节数	单株分枝数	单荚粒数	荚色	荚长 /cm	荚宽 /cm	单荚重 /g
灵山花豆角	紫色	330.0	25	2	12	斑纹	28	0.8	29.3

【利用价值】目前直接应用于生产，在当地种植 20 年以上，农户自行留种、自产自销，以食用嫩荚为主，可作为早熟豇豆品种的育种材料。

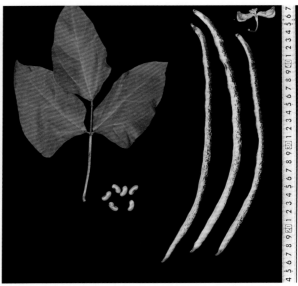

14. 柳城紫红豆

【学名】Fabaceae（豆科）*Vigna*（豇豆属）*Vigna unguiculata*（豇豆）。

【采集地】广西柳州市柳城县太平镇板贡村。

【主要特征特性】该资源早熟，多荚，耐热。

名称	花色	株高 /cm	主茎节数	单株分枝数	单荚粒数	荚色	荚长 /cm	荚宽 /cm	单荚重 /g
柳城紫红豆	紫色	360.0	24	3	11	紫红色	20.6	0.6	20.0

【利用价值】目前直接应用于生产，在当地种植 20 年以上，农户自行留种、自产自销，以食用嫩荚为主，可作为早熟红豇豆品种的育种材料。

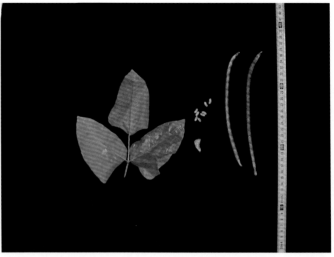

15. 融水长豇豆

【**学名**】Fabaceae（豆科）*Vigna*（豇豆属）*Vigna unguiculata*（豇豆）。

【**采集地**】广西柳州市融水苗族自治县红水乡振民村。

【**主要特征特性**】该资源早熟，多荚，耐热，中抗锈病、煤霉病。

名称	花色	株高 /cm	主茎节数	单株分枝数	单荚粒数	荚色	荚长 /cm	荚宽 /cm	单荚重 /g
融水长豇豆	紫色	350.0	25	2	11	绿白色	30.0	0.7	18.9

【**利用价值**】目前直接应用于生产，在当地种植 20 年以上，农户自行留种、自产自销，以食用嫩荚为主，可作为耐热、抗病豇豆品种的育种材料。

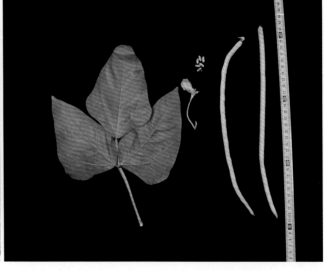

16. 足别红斑豆

【**学名**】Fabaceae（豆科）*Vigna*（豇豆属）*Vigna unguiculata*（豇豆）。

【**采集地**】广西百色市西林县足别瑶族苗族乡足别村。

【**主要特征特性**】该资源早熟，多荚，抗旱，耐贫瘠，中抗叶斑病，抗锈病。

名称	花色	株高 /cm	主茎节数	单株分枝数	单荚粒数	荚色	荚长 /cm	荚宽 /cm	单荚重 /g
足别红斑豆	紫色	340.0	23	3	10	斑纹	16.0	0.6	17.4

【**利用价值**】目前直接应用于生产，多用于与玉米进行套种，在当地种植 30 年以上，农户自行留种、自产自销，以食用嫩荚和豆粒为主，可作为早熟、抗病豇豆品种的育种材料。

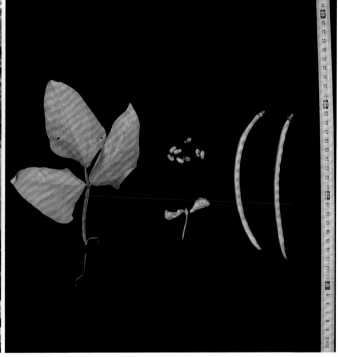

17. 恭城秋风豆

【**学名**】Fabaceae（豆科）*Vigna*（豇豆属）*Vigna unguiculata*（豇豆）。

【**采集地**】广西桂林市恭城瑶族自治县西岭镇德良村。

【**主要特征特性**】该资源分枝性强，晚熟，耐热，高抗锈病。

名称	花色	株高 /cm	主茎节数	单株分枝数	单荚粒数	荚色	荚长 /cm	荚宽 /cm	单荚重 /g
恭城秋风豆	紫色	460.0	23	2	17	斑纹	32.5	0.8	23.1

【利用价值】目前直接应用于生产，在当地种植 50 年以上，农户自行留种、自产自销，以食用嫩荚为主，可作为晚熟、耐热、抗病豇豆品种的育种材料。

18. 桂林短豆

【学名】Fabaceae（豆科）*Vigna*（豇豆属）*Vigna unguiculata*（豇豆）。

【采集地】广西桂林市恭城瑶族自治县三江乡大地村。

【主要特征特性】该资源晚熟，中抗叶斑病，抗旱，耐贫瘠，抗锈病性强。

名称	花色	株高 /cm	主茎节数	单株分枝数	单荚粒数	荚色	荚长 /cm	荚宽 /cm	单荚重 /g
桂林短豆	紫色	300.0	21	3	16	绿白色	23.3	0.7	9.6

【利用价值】目前直接应用于生产，在当地种植 50 年以上，农户自行留种、自产自销，以食用嫩荚为主，可作为晚熟、抗病豇豆品种的育种材料。

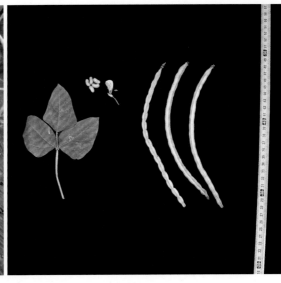

19. 荔浦紫豆角

【学名】Fabaceae（豆科）*Vigna*（豇豆属）*Vigna unguiculata*（豇豆）。

【采集地】广西桂林市荔浦市龙怀乡新安村。

【主要特征特性】该资源早熟，多荚，抗旱，耐贫瘠，抗锈病性强，中抗煤霉病。

名称	花色	株高 /cm	主茎节数	单株分枝数	单荚粒数	荚色	荚长 /cm	荚宽 /cm	单荚重 /g
荔浦紫豆角	紫色	440.0	26	3	12	紫红色	25.3	0.9	10.3

【利用价值】目前直接应用于生产，在当地种植 10 年以上，农户自行留种、自产自销，以食用嫩荚为主，可作为早熟、抗病红豇豆品种的育种材料。

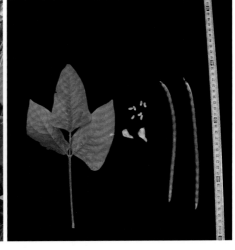

20. 资源红斑豆

【学名】Fabaceae（豆科）*Vigna*（豇豆属）*Vigna unguiculata*（豇豆）。

【采集地】广西桂林市资源县梅溪乡三茶村。

【主要特征特性】该资源晚熟，耐旱，耐储运。

名称	花色	株高 /cm	主茎节数	单株分枝数	单荚粒数	荚色	荚长 /cm	荚宽 /cm	单荚重 /g
资源红斑豆	紫色	260.0	26	3	12	斑纹	35.3	0.9	27.6

【利用价值】目前直接应用于生产，在当地种植 20 年以上，农户自行留种、自产自销，以食用嫩荚为主，可作为晚熟、耐旱豇豆品种的育种材料。

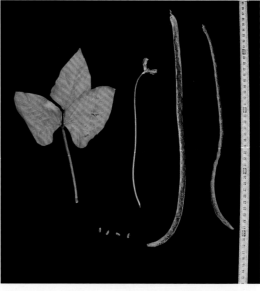

21. 资源白豆角

【学名】Fabaceae（豆科）*Vigna*（豇豆属）*Vigna unguiculata*（豇豆）。

【采集地】广西桂林市资源县瓜里乡金江村。

【主要特征特性】该资源早熟，耐旱，耐储运，抗叶斑病。

名称	花色	株高 /cm	主茎节数	单株分枝数	单荚粒数	荚色	荚长 /cm	荚宽 /cm	单荚重 /g
资源白豆角	紫色	253.0	18	4	16	白绿色	53.1	0.9	23.3

【利用价值】目前直接应用于生产，在当地种植 60 年以上，农户自行留种、自产自销，以食用嫩荚为主，可作为早熟、抗病豇豆品种的育种材料。

22. 资源短豆角

【学名】Fabaceae（豆科）*Vigna*（豇豆属）*Vigna unguiculata*（豇豆）。

【采集地】广西桂林市资源县瓜里乡金江村。

【主要特征特性】该资源早熟，多荚，中抗煤霉病。

名称	花色	株高 /cm	主茎节数	单株分枝数	单荚粒数	荚色	荚长 /cm	荚宽 /cm	单荚重 /g
资源短豆角	紫色	270.0	24	2	11	浅绿色	19.3	0.7	14.1

【利用价值】目前直接应用于生产，在当地种植 50 年以上，农户自行留种、自产自销，以食用嫩荚和豆粒为主，可作为早熟短豇豆品种的育种材料。

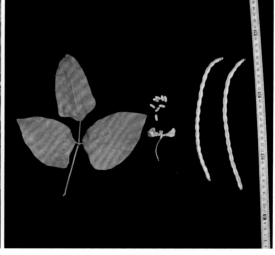

23. 龙胜红豆

【学名】Fabaceae（豆科）*Vigna*（豇豆属）*Vigna unguiculata*（豇豆）。

【采集地】广西桂林市龙胜各族自治县龙脊镇黄江村。

【主要特征特性】该资源早熟，多荚，中抗叶斑病。

名称	花色	株高/cm	主茎节数	单株分枝数	单荚粒数	荚色	荚长/cm	荚宽/cm	单荚重/g
龙胜红豆	紫色	320.0	26	3	14	紫红色	28.0	1.0	18.0

【利用价值】目前直接应用于生产，在当地种植 30 年以上，农户自行留种、自产自销，以食用嫩荚为主，可作为早熟红豇豆品种的育种材料。

24. 荔浦甜豆

【学名】Fabaceae（豆科）*Vigna*（豇豆属）*Vigna unguiculata*（豇豆）。

【采集地】广西桂林市荔浦市蒲芦瑶族乡甲板村。

【主要特征特性】该资源品质佳，中抗叶斑病。

名称	花色	株高/cm	主茎节数	单株分枝数	单荚粒数	荚色	荚长/cm	荚宽/cm	单荚重/g
荔浦甜豆	紫色	350.0	28	3	11	浅绿色	25.0	0.7	23.7

【利用价值】目前直接应用于生产，在当地种植 20 年以上，农户自行留种、自产自销，以食用嫩荚为主，可作为高品质豇豆品种的选育材料。

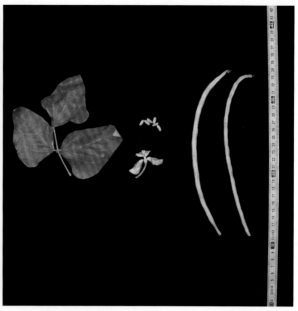

25. 恭城白皮豆

【学名】Fabaceae（豆科）*Vigna*（豇豆属）*Vigna unguiculata*（豇豆）。

【采集地】广西桂林市恭城瑶族自治县莲花镇桑源村。

【主要特征特性】该资源早熟，多荚，中抗锈病和蚜虫。

名称	花色	株高 /cm	主茎节数	单株分枝数	单荚粒数	荚色	荚长 /cm	荚宽 /cm	单荚重 /g
恭城白皮豆	紫色	270.0	17	3	11	白绿色	26.0	0.8	26.3

【利用价值】目前直接应用于生产，在当地种植 50 年以上，农户自行留种、自产自销，以食用嫩荚和豆粒为主，可作为早熟豇豆品种的选育材料。

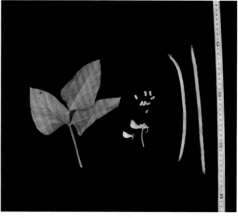

26. 西林豆角

【学名】Fabaceae（豆科）*Vigna*（豇豆属）*Vigna unguiculata*（豇豆）。

【采集地】广西百色市西林县八达镇坡皿村。

【主要特征特性】该资源早熟，多荚，中抗叶斑病、蚜虫。

名称	花色	株高 /cm	主茎节数	单株分枝数	单荚粒数	荚色	荚长 /cm	荚宽 /cm	单荚重 /g
西林豆角	紫色	370.0	25	2	12	浅绿色	25.3	0.7	9.3

【利用价值】目前直接应用于生产，在当地种植 30 年以上，农户自行留种、自产自销，以食用嫩荚和豆粒为主，可作为早熟豇豆品种的育种材料。

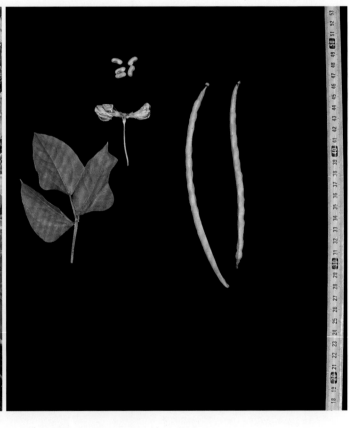

27. 融水七月豆

【学名】Fabaceae（豆科）*Vigna*（豇豆属）*Vigna unguiculata*（豇豆）。

【采集地】广西柳州市融水苗族自治县红水乡良双村。

【主要特征特性】该资源分枝性强，晚熟，耐热，中抗叶斑病，高抗锈病。

名称	花色	株高 /cm	主茎节数	单株分枝数	单荚粒数	荚色	荚长 /cm	荚宽 /cm	单荚重 /g
融水七月豆	紫色	320.0	18	2	13	浅绿色	34.0	1.0	32.8

【利用价值】目前直接应用于生产，在当地种植 25 年以上，农户自行留种、自产自销，以食用嫩荚为主，可作为耐热、抗病豇豆品种的育种材料。

28. 灵川秋风豆

【学名】Fabaceae（豆科）*Vigna*（豇豆属）*Vigna unguiculata*（豇豆）。

【采集地】广西桂林市灵川县灵田镇四联村。

【主要特征特性】该资源晚熟，分枝性强，多荚，耐旱，耐储运，抗病毒病，高抗锈病。

名称	花色	株高/cm	荚形	粒形	单荚粒数	荚色	荚长/cm	荚宽/cm	单荚重/g
灵川秋风豆	紫色	170.0	扁圆条形	肾形	16	斑纹	36.5	1.0	36.4

【利用价值】目前直接应用于生产，在当地种植30年以上，农户自行留种、自产自销，以食用嫩荚为主，可作为多荚、抗锈病豇豆品种的育种材料。

29. 隆林红豆角

【学名】Fabaceae（豆科）*Vigna*（豇豆属）*Vigna unguiculata*（豇豆）。

【采集地】广西百色市隆林各族自治县者保乡江同村。

【主要特征特性】该资源早熟，多荚，抗锈病等多种病害。

名称	花色	株高/cm	主茎节数	单株分枝数	单荚粒数	荚色	荚长/cm	荚宽/cm	单荚重/g
隆林红豆角	紫色	390.0	18	1	15	斑纹	35.3	0.9	33.1

【利用价值】目前直接应用于生产，在当地种植 20 年以上，农户自行留种、自产自销，以食用嫩荚为主，可作为多荚、早熟、抗锈病豇豆品种的育种材料。

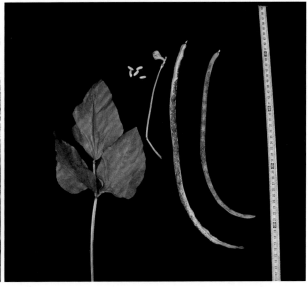

30. 西林短豆

【学名】Fabaceae（豆科）*Vigna*（豇豆属）*Vigna unguiculata*（豇豆）。

【采集地】广西百色市西林县足别瑶族苗族乡足别村。

【主要特征特性】该资源早熟，多荚。

名称	花色	株高/cm	主茎节数	单株分枝数	单荚粒数	荚色	荚长/cm	荚宽/cm	单荚重/g
西林短豆	紫色	340.0	26	2	13	绿色	26.7	0.8	25.4

【利用价值】目前直接应用于生产，在当地种植 30 年以上，农户自行留种、自产自销，以食用嫩荚和豆粒为主，可作为多荚豇豆品种的育种材料。

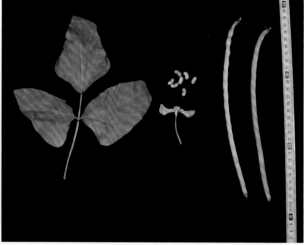

31. 隆林豆角

【学名】Fabaceae（豆科）*Vigna*（豇豆属）*Vigna unguiculata*（豇豆）。

【采集地】广西百色市隆林各族自治县。

【主要特征特性】该资源早熟，多荚，高抗锈病、枯萎病、煤霉病。

名称	花色	株高 /cm	主茎节数	单株分枝数	单荚粒数	荚色	荚长 /cm	荚宽 /cm	单荚重 /g
隆林豆角	紫色	350.0	25	3	13	红色	28.8	0.8	24.2

【利用价值】目前直接应用于生产，在当地种植 25 年以上，农户自行留种、自产自销，以食用嫩荚和豆粒为主，可作为多荚、抗锈病豇豆品种的育种材料。

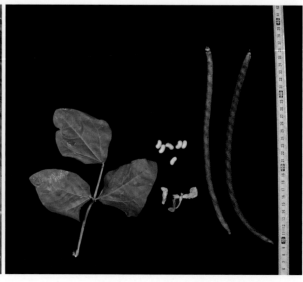

32. 融水八月豆

【**学名**】Fabaceae（豆科）*Vigna*（豇豆属）*Vigna unguiculata*（豇豆）。

【**采集地**】广西柳州市融水苗族自治县红水乡良双村旧寨屯。

【**主要特征特性**】该资源早熟，多荚。

名称	花色	株高/cm	主茎节数	单株分枝数	单荚粒数	荚色	荚长/cm	荚宽/cm	单荚重/g
融水八月豆	紫色	350.0	26	2	15	绿白色	25.2	0.6	19.8

【**利用价值**】目前直接应用于生产，在当地种植 20 年以上，农户自行留种、自产自销，以食用嫩荚和豆粒为主，可作为多荚豇豆品种的育种材料。

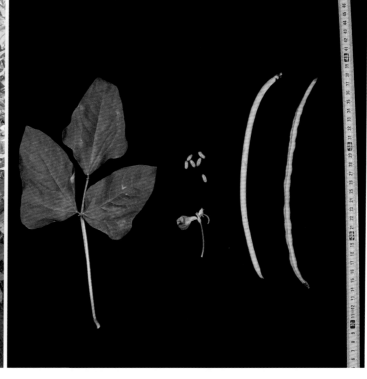

33. 柳城七月豆

【学名】Fabaceae（豆科）*Vigna*（豇豆属）*Vigna unguiculata*（豇豆）。

【采集地】广西柳州市柳城县。

【主要特征特性】该资源早熟，多荚，抗锈病、病毒病、枯萎病。

名称	花色	株高 /cm	主茎节数	单株分枝数	单荚粒数	荚色	荚长 /cm	荚宽 /cm	单荚重 /g
柳城七月豆	紫色	360.0	17	1	15	紫红色	34.5	0.8	30.7

【利用价值】目前直接应用于生产，在当地种植 20 年以上，农户自行留种、自产自销，以食用嫩荚为主，可作为多荚及抗病毒病、锈病、枯萎病豇豆品种的育种材料。

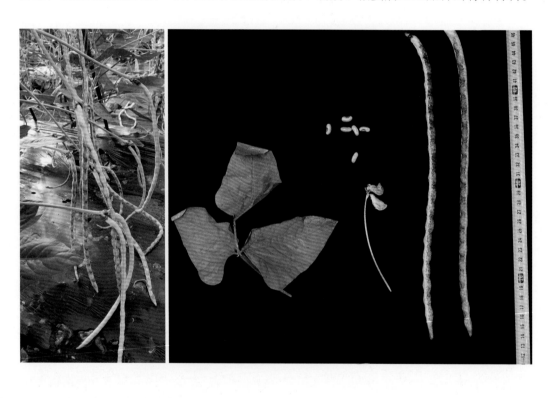

第三节　菜豆优异资源

1. 马山短豆

【学名】Fabaceae（豆科）*Phaseolus*（菜豆属）*Phaseolus vulgaris*（菜豆）。

【采集地】广西南宁市马山县。

【主要特征特性】该资源长势旺盛，品质佳。

名称	花色	株高/cm	主茎节数	单株分枝数	单荚粒数	荚色	荚长/cm	荚宽/cm	单荚重/g
马山短豆	紫色	350.0	27	4	13	斑纹	12.2	0.9	12.3

【利用价值】目前直接应用于生产，在当地种植 20 年以上，农户自行留种、自产自销，以食用嫩荚和豆粒为主，可用作高品质菜豆品种的育种材料。

2. 法国豆

【学名】Fabaceae（豆科）*Phaseolus*（菜豆属）*Phaseolus vulgaris*（菜豆）。

【采集地】广西南宁市马山县。

【主要特征特性】该菜豆早熟，多荚。

名称	花色	株高/cm	主茎节数	单株分枝数	单荚粒数	荚色	荚长/cm	荚宽/cm	单荚重/g
法国豆	白色	330.0	31	3	8	绿色	13.0	0.8	14.9

【利用价值】目前直接应用于生产，在当地种植 20 年以上，农户自行留种、自产自销，以鲜食和制罐、速冻为主，可用作加工型菜豆品种的育种材料。

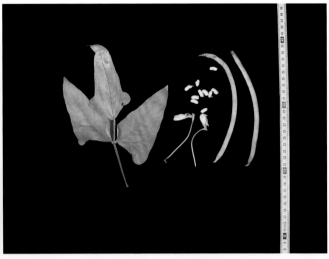

3. 武鸣短豆

【学名】Fabaceae（豆科）*Phaseolus*（菜豆属）*Phaseolus vulgaris*（菜豆）。

【采集地】广西南宁市武鸣区。

【主要特征特性】该菜豆丰产，多荚，大粒。

名称	花色	株高 /cm	主茎节数	单株分枝数	单荚粒数	荚色	荚长 /cm	荚宽 /cm	单荚重 /g
武鸣短豆	紫色	320.0	17	3	6	绿色	16.5	0.8	7.6

【利用价值】目前直接应用于生产，在当地种植 30 年以上，农户自行留种、自产自销，以食用豆粒为主，可用作大粒菜豆品种的育种材料。

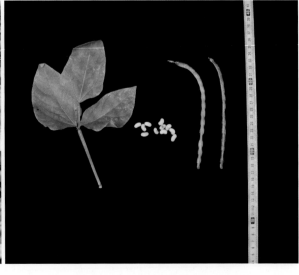

4. 恭城玉豆

【学名】Fabaceae（豆科）*Phaseolus*（菜豆属）*Phaseolus vulgaris*（菜豆）。

【采集地】广西桂林市恭城瑶族自治县莲花镇蒲源村。

【主要特征特性】该资源早熟，多荚，中抗煤霉病和蚜虫。

名称	花色	株高/cm	主茎节数	单株分枝数	单荚粒数	荚色	荚长/cm	荚宽/cm	单荚重/g
恭城玉豆	紫色	280.0	23	2	6	绿色	18.5	1.0	27.8

【利用价值】目前直接应用于生产，在当地种植 50 年以上，农户自行留种、自产自销，以食用嫩荚为主，可用作多荚、多抗菜豆品种的育种材料。

5. 三江豆

【学名】Fabaceae（豆科）*Phaseolus*（菜豆属）*Phaseolus vulgaris*（菜豆）。

【采集地】广西柳州市三江侗族自治县。

【主要特征特性】该菜豆的豆荚纤维少，口感清甜，品质佳。

名称	花色	株高/cm	主茎节数	单株分枝数	单荚粒数	荚色	荚长/cm	荚宽/cm	单荚重/g
三江豆	紫色	310.0	22	3	13	绿色	19.2	0.7	11.9

【利用价值】目前直接应用于生产，在当地种植 20 年以上，农户自行留种、自产自销，以食用嫩荚为主，可用作高品质菜豆品种的选育材料。

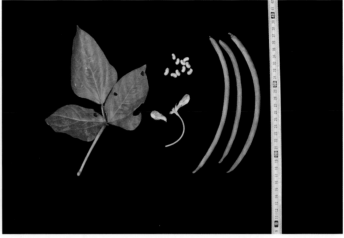

第四节　其他豆类优异资源

1. 灵山贡棱豆

【学名】Fabaceae（豆科）*Psophocarpus*（四棱豆属）*Psophocarpus tetragonolobus*（四棱豆）。

【采集地】广西钦州市灵山县新圩镇晏村。

【主要特征特性】该资源品质佳，抗锈病、疫病、白粉病。

名称	花色	株高 /cm	叶形	荚形	单荚粒数	荚色	荚长 /cm	荚宽 /cm	单荚重 /g
灵山贡棱豆	紫蓝色	350.0	卵圆形	四棱状	5	绿色	20.0	1.3	72.6

【利用价值】目前直接应用于生产，在当地种植 20 年以上，农户自行留种、自产自销，以鲜食和制罐、速冻为主，可作为抗锈病、疫病材料用于四棱豆品种的选育。

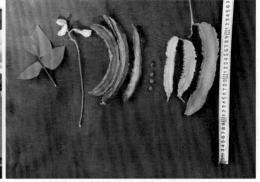

2. 桂平蝶豆

【学名】Fabaceae（豆科）*Clitoria*（蝶豆属）*Clitoria ternatea*（蝶豆）。

【采集地】广西贵港市桂平市。

【主要特征特性】该资源耐贫瘠，分枝性较强。

名称	叶形	叶色	花色	荚色	荚长 /cm	荚宽 /cm	种子	单荚重 /g
桂平蝶豆	奇数羽状复叶，卵圆形	绿色	紫色	嫩荚绿色，成熟荚黄色	10.5	1.0	卵圆形，黑色	1.1

【利用价值】该种为农户自留种，在当地有 20 多年种植历史，主要用于观赏。花中含有天然的花青素，用于给食物着色或直接食用；嫩荚可食用；成熟种子和根部有毒，但根可入药，具有健脑、抗焦虑、抗抑郁、抗惊厥及治疗哮喘等作用；可制成干草，用作饲料，亦可用作绿肥或休闲观光农业园区观赏植物。

3. 灵川荷包豆

【**学名**】Fabaceae（豆科）*Phaseolus*（菜豆属）*Phaseolus lunatus*（棉豆）。

【**采集地**】广西桂林市灵川县灵田镇四联村。

【**主要特征特性**】该资源晚熟，多荚，抗疫病、枯萎病。

名称	花色	株高 /cm	荚形	粒色	单荚粒数	荚色	荚长 /cm	荚宽 /cm	单荚重 /g
灵川荷包豆	白色	300.0	短扁形	橙底褐花色	13	浅绿色	13.4	2.9	8.8

【**利用价值**】目前直接应用于生产，在当地种植 20 年以上，食用嫩种子，焖煮或炒食，可作为多荚、抗枯萎病材料用于棉豆品种的选育。

第五章
广西叶菜类蔬菜

第一节 概 述

广西种植的叶菜类蔬菜主要有结球白菜、不结球白菜、菜薹、芥菜、甘蓝、芥蓝、苋菜、蕹菜、叶用莴苣等，其中著名的地方品种有桂林匙羹白、桂林扭叶菜心、柳州大肉芥菜、博白空心菜等。

一、叶菜类蔬菜种质资源调查收集和分布

2015～2018 年，在项目实施期间共收集叶菜类蔬菜种质资源 115 份，其中白菜 23 份、芥菜 32 份、叶用莴苣 20 份、苋菜 11 份、蕹菜 10 份、油菜 7 份、菜心 6 份、芥蓝 4 份、其他 2 份。

所收集的 115 份叶菜类蔬菜种质资源来自广西 12 个地级市 34 个县（市、区）（表 5-1），其中在百色市 7 个县（市）收集的叶菜类种质资源最多，达到 31 份，占 26.96%。广西调查搜集的叶菜资源分布具有明显的地域性，桂西、桂北、桂东、桂中地区多于桂东南、桂南地区，并且多分布于交通不方便、经济发展水平较低的地区，而在主要蔬菜产区及城镇附近则日渐稀少或消失。广西叶菜资源分布与广东北部山区、云南地区的资源分布比较相似，呈现种类多、分布面积小而零散、产业化水平较低等特点。同时，部分地区限制于多山、土壤贫瘠、雨水较少和经济水平较低等原因，叶菜生产普遍处于粗放栽培、肥料农药施用少、产量较低、品质和商品性较差的状态（李植良等，2001；刘旭等，2013）。这些叶菜资源一般自产自销，除用于鲜食外，还可加工成酸菜、菜干，同时也可用作畜禽饲料。广西地跨热带、亚热带，地貌形态多样，经过长期种植与环境相适应，演化出具有丰富遗传多样性的叶菜资源，这些资源表现出较强的耐寒、抗热、抗病虫和耐贫瘠等特性。

表 5-1 收集的叶菜类蔬菜种质资源在广西的分布情况

地级市	县（市、区）	白菜/份	芥菜/份	叶用莴苣/份	苋菜/份	蕹菜/份	油菜/份	菜心/份	芥蓝/份	其他/份
百色市	那坡县、凌云县、隆林各族自治县、西林县、靖西市、平果市、乐业县	3	16	0	9	0	3	0	0	0
北海市	合浦县	1	0	0	0	0	0	0	0	0
崇左市	宁明县、扶绥县	0	0	1	0	2	0	0	0	0

续表

地级市	县（市、区）	白菜/份	芥菜/份	叶用莴苣/份	苋菜/份	蕹菜/份	油菜/份	菜心/份	芥蓝/份	其他/份
桂林市	灵川县、资源县、龙胜各族自治县、恭城瑶族自治县、荔浦市、临桂区、永福县	6	1	5	0	2	0	4	0	0
河池市	大化瑶族自治县、东兰县、天峨县	0	5	2	1	0	0	0	0	0
贺州市	富川瑶族自治县、钟山县	7	3	2	0	1	2	2	0	1
来宾市	象州县、忻城县、武宣县	1	1	2	0	0	0	0	0	0
柳州市	柳城县、柳江区、鹿寨县	0	2	3	1	1	2	0	0	0
南宁市	宾阳县、马山县、上林县	3	4	5	0	0	0	0	3	0
钦州市	灵山县	1	0	0	0	0	0	0	1	0
梧州市	岑溪市	1	0	0	0	0	0	0	0	1
玉林市	博白县	0	0	0	0	3	0	0	0	0
合计		23	32	20	11	10	7	6	4	2

二、叶菜类蔬菜种质资源类型

1. 白菜

本次收集的白菜种质资源类型丰富，已鉴定的 19 份白菜种质资源均属于不结球白菜，以半直立型为主，单株重 78～955g。叶形分为长倒卵形、倒卵形、长卵形、近圆形等不同类型，按照叶柄色分为绿白色、白色、浅绿色、绿色等类型，按照熟性分为早熟、中熟和晚熟类型。

2. 芥菜

广西芥菜按照结球性可分为结球芥菜和不结球芥菜，结球芥菜主要种植于秋冬季，不结球芥菜四季可播种，是补充夏淡的重要叶菜。此次收集的 32 份叶用芥菜资源有一半来自百色市地区，可见芥菜在当地居民饮食中占有重要地位。

本次调查已鉴定 16 份芥菜种质资源，叶形分为阔椭圆形、阔卵形、倒卵形、阔倒卵形等不同类型，叶缘齿状又可分为波形、浅锯齿形、深锯齿形等，单株重 100～1200g。叶色为绿色的 9 份，浅绿色 3 份，黄绿色 1 份，深绿色 2 份，紫色 1 份。

3. 叶用莴苣

本次收集的叶用莴苣资源主要来自桂北和桂中地区。已鉴定 16 份种质资源的叶形有倒披针形、长卵形、披针形等不同类型；叶缘齿状分为全缘、波形、深锯齿形等；单株重100g以下的1份，100～200g的7份，200～300g的5份，300～400g的2份，400～500g的1份。

4. 苋菜

苋菜资源主要来源于百色市和河池市等地区，散布于田间地头，植株随海拔或分布区域不同而呈现紫红色、紫色、绿色和花色等多种颜色，表现出较丰富的遗传多样性。

5. 蕹菜

蕹菜是广西各地夏季的主要叶菜，其中博白空心菜是比较出名的地方品种。收集的10份资源主要分为箭形和楔形两种叶形，花色均为白色。

6. 油菜

本次收集的7份油菜来源于百色市、柳州市和贺州市等地，数量较少。广西油菜主要用作绿肥或用于观赏，少部分作油用和菜薹食用，株高、叶色、蜡粉的变化较大。

7. 菜心和芥蓝

菜心和芥蓝起源于华南地区，此次收集到6份菜心和4份芥蓝资源，菜心来源于桂林市和贺州市，其他地区未获得菜心资源，桂林扭叶菜心是桂林特色的菜心资源，抽薹开花始期的主薹叶片呈现细长扭曲状，分枝较多，冬性强，是桂林市地区的主要品种资源。

三、叶菜类种质资源优异特性

在收集获得的叶菜类种质资源中，当地农户认为具有优异性状的种质资源有37份。其中，具有高产特性的资源有2份，具有优质特性的资源有26份，具有耐寒特性的资源有4份，具有耐热特性的资源有5份，具有耐贫瘠特性的资源有14份。

第二节　白菜优异资源

1. 铜座白菜

【**学名**】Brassicaceae（十字花科）*Brassica*（芸薹属）*Brassica rapa* var. *chinensis*

（青菜）。

【采集地】广西桂林市资源县梅溪乡铜座村。

【主要特征特性】该资源纤维少，耐热，耐寒性强。

名称	株高/cm	株型	叶形	叶型	叶面	叶色	叶柄色	叶脉鲜明度	单株重/g	熟性
铜座白菜	28.0	半直立	长卵形	板叶	皱	绿色	绿白色	明显	373.3	晚熟

【利用价值】主要用于炒食、做汤，可直接应用于生产，或作为亲本用于不结球白菜抗逆品种的选育。

2. 花坪白菜

【学名】Brassicaceae（十字花科）*Brassica*（芸薹属）*Brassica rapa* var. *chinensis*（青菜）。

【采集地】广西桂林市龙胜各族自治县三门镇花坪村。

【主要特征特性】该资源产量较高，纤维少，口感好。

名称	株高/cm	株型	叶形	叶型	叶面	叶色	叶柄色	叶脉鲜明度	单株重/g	熟性
花坪白菜	22.0	半直立	长倒卵形	板叶	微皱	绿色	绿白色	明显	581.7	中熟

【利用价值】在当地已有15年的种植历史，主要用于炒食、做汤，可作为亲本用于不结球白菜优良品种的选育。

3. 交其白菜

【学名】Brassicaceae（十字花科）*Brassica*（芸薹属）*Brassica rapa* var. *chinensis*（青菜）。

【采集地】广西桂林市龙胜各族自治县三门镇交其村。

【主要特征特性】该资源叶片宽大，长势旺盛。

名称	株高/cm	株型	叶形	叶型	叶面	叶色	叶柄色	叶脉鲜明度	单株重/g	熟性
交其白菜	42.0	开展	长倒卵形	花叶	平滑	深绿色	浅绿色	明显	440.5	中熟

【利用价值】主要用于炒食、做汤，可作为亲本用于不结球白菜优良品种的选育。

4. 大瑶白菜

【**学名**】Brassicaceae（十字花科）*Brassica*（芸薹属）*Brassica rapa* var. *chinensis*（青菜）。

【**采集地**】广西桂林市荔浦市新坪镇大瑶村。

【**主要特征特性**】该资源早熟，口感脆甜，耐热性强。

名称	株高 /cm	株型	叶形	叶型	叶面	叶色	叶柄色	叶脉鲜明度	单株重 /g	熟性
大瑶白菜	24.3	开展	近圆形	板叶	微皱	绿色	浅绿色	明显	94.9	早熟

【**利用价值**】在当地已有 20 年以上种植历史，主要用于炒食、做汤，可作为亲本用于不结球白菜优异品种的选育。

5.武陵匙羹白

【学名】Brassicaceae（十字花科）*Brassica*（芸薹属）*Brassica rapa* var. *chinensis*（青菜）。

【采集地】广西南宁市宾阳县武陵镇。

【主要特征特性】该资源产量高，叶柄肥厚，口感脆甜。

名称	株高 /cm	株型	叶形	叶型	叶面	叶色	叶柄色	叶脉鲜明度	单株重 /g	熟性
武陵匙羹白	52.0	半直立	长卵形	板叶	微皱	绿色	绿白色	明显	456.7	中熟

【利用价值】在当地已有 20 年以上种植历史，因其叶柄似匙羹，故名匙羹白。主要用于炒食，可作为亲本用于不结球白菜优良品种的选育。

6. 六塘高脚老菜

【学名】Brassicaceae（十字花科）*Brassica*（芸薹属）*Brassica rapa* var. *chinensis*（青菜）。

【采集地】广西桂林市临桂区六塘镇六塘村。

【主要特征特性】该资源产量高，口感佳。

名称	株高 /cm	株型	叶形	叶型	叶面	叶色	叶柄色	叶脉鲜明度	单株重 /g	熟性
六塘高脚老菜	29.0	直立	长倒卵形	板叶	微皱	深绿色	白色	明显	588.3	晚熟

【利用价值】现直接应用于生产，在当地已有 15 年的种植历史，主要用于炒食，可作为亲本用于白菜优良品种的选育。

7. 横桥本地老白菜

【**学名**】Brassicaceae（十字花科）*Brassica*（芸薹属）*Brassica rapa* var. *chinensis*（青菜）。

【**采集地**】广西来宾市象州县寺村镇横桥村。

【**主要特征特性**】该资源产量高，叶片大，叶柄小，耐热，耐寒。

名称	株高/cm	株型	叶形	叶型	叶面	叶色	叶柄色	叶脉鲜明度	单株重/g	熟性
横桥本地老白菜	25.0	半直立	倒卵形	板叶	皱	浅绿色	绿白色	明显	558.3	中晚熟

【**利用价值**】现直接应用于生产，在当地已有 25 年的种植历史，主要用于炒食、做汤，可作为亲本用于不结球白菜优良品种的选育。

8. 龙胜白菜

【学名】Brassicaceae（十字花科）*Brassica*（芸薹属）*Brassica rapa* var. *chinensis*（青菜）。

【采集地】广西桂林市龙胜各族自治县。

【主要特征特性】该资源产量高，口感清甜，耐寒性强。

名称	株高/cm	株型	叶形	叶型	叶面	叶色	叶柄色	叶脉鲜明度	单株重/g	熟性
龙胜白菜	37.0	半直立	卵圆形	板叶	皱	浅绿色	白色	明显	660.0	中熟

【利用价值】在当地已有 15 年的种植历史，主要用于炒食、做汤，可作为亲本用于不结球白菜优良品种的选育。

第三节　芥菜优异资源

1. 颁桃芥菜

【学名】Brassicaceae（十字花科）*Brassica*（芸薹属）*Brassica juncea*（芥菜）。

【采集地】广西河池市大化瑶族自治县共和乡颁桃村。

【主要特征特性】该资源早熟，叶片宽大，叶柄小，产量高。

名称	株型	叶形	叶缘	叶面	叶色	叶面刺毛	单株重 /g	熟性
颁桃芥菜	半直立	倒卵形	波状	平滑	浅绿色	无	455.0	早熟

【利用价值】在当地有 30 年的种植历史，主要用于炒食、做汤或者腌制酸菜，可作为亲本用于早熟芥菜优良品种的选育。

2. 平方芥菜

【学名】Brassicaceae（十字花科）*Brassica*（芸薹属）*Brassica juncea*（芥菜）。

【采集地】广西河池市大化瑶族自治县北景乡平方村。

【主要特征特性】该资源叶片宽大，长势旺盛，产量高。

名称	株型	叶形	叶缘	叶面	叶色	叶面刺毛	单株重/g	熟性
平方芥菜	半直立	阔圆形	浅锯齿状	微皱	黄绿色	无	562.5	中熟

【利用价值】在当地有30年的种植历史，主要用于炒食、做汤或者腌制酸菜，可直接应用于生产，或作为亲本用于芥菜优良品种的选育。

3. 板豪芥菜

【**学名**】Brassicaceae（十字花科）*Brassica*（芸薹属）*Brassica juncea*（芥菜）。

【**采集地**】广西来宾市忻城县古蓬镇古蓬村板豪屯。

【**主要特征特性**】该资源叶片宽大，产量高，耐寒，耐热，苦味淡，口感佳。

名称	株型	叶形	叶缘	叶面	叶色	叶面刺毛	单株重 /g	熟性
板豪芥菜	半直立	阔倒卵	波状	多皱	绿	无	730.0	中熟

【**利用价值**】在当地有 20 年的种植历史，主要用于炒食、做汤或者腌制酸菜，可直接应用于生产，或作为亲本用于叶用芥菜优良品种的选育。

4. 龙胜芥菜

【学名】Brassicaceae（十字花科）*Brassica*（芸薹属）*Brassica juncea*（芥菜）。

【采集地】广西桂林市龙胜各族自治县。

【主要特征特性】该资源产量高，耐寒，耐热性强。

名称	株型	叶形	叶缘	叶面	叶色	叶柄色	叶面刺毛	单株重 /g	熟性
龙胜芥菜	开展	倒卵形	复锯齿状	微皱	紫绿色	浅绿色	无	526.7	中熟

【利用价值】在当地有 30 年的种植历史，主要用于炒食、做汤，可作为亲本用于芥菜优良品种的选育。

5. 常青芥菜

【**学名**】Brassicaceae（十字花科）*Brassica*（芸薹属）*Brassica juncea*（芥菜）。

【**采集地**】广西河池市大化瑶族自治县乙圩乡常怀村常青屯。

【**主要特征特性**】该资源产量高，无叶面刺毛，叶子宽大，耐寒性强。

名称	株型	叶形	叶缘	叶面	叶色	叶面刺毛	单株重/g	熟性
常青芥菜	半直立	倒卵形	浅锯齿状	微皱	浅绿色	无	840.0	中熟

【**利用价值**】在当地有 30 年的种植历史，主要用于炒食、做汤或者腌制酸菜，可作为亲本用于芥菜优良品种的选育。

第四节　叶用莴苣优异资源

1. 黄江莴苣

【学名】Asteraceae（菊科）*Lactuca*（莴苣属）*Lactuca sativa*（莴苣）。

【采集地】广西桂林市龙胜各族自治县龙脊镇黄江村。

【主要特征特性】该资源生长力旺盛，耐贫瘠，苦味重，抗虫性强。

名称	株高/cm	叶长/cm	叶宽/cm	株幅/cm	叶形	叶缘	叶面	叶色
黄江莴苣	43.0	49.0	21.7	70.3	倒披针形	浅锯齿状	平滑	浅绿色

【利用价值】该资源大部分生于野外，当地人采集作蔬菜食用，可用作叶用莴苣优良品种的选育材料。

2. 建新莴苣

【学名】Asteraceae（菊科）*Lactuca*（莴苣属）*Lactuca sativa*（莴苣）。

【采集地】广西桂林市龙胜各族自治县江底乡建新村。

【主要特征特性】该资源生长旺盛，产量高。

名称	株高/cm	叶长/cm	叶宽/cm	株幅/cm	叶形	叶缘	叶面	叶色
建新莴苣	29.0	44.7	6.8	65.3	长倒卵形	全缘	平滑	绿色

【利用价值】该资源大部分生于野外，当地人采集作蔬菜食用，可用作叶用莴苣优良品种的选育材料。

3. 大罗莴苣

【学名】Asteraceae（菊科）*Lactuca*（莴苣属）*Lactuca sativa*（莴苣）。

【采集地】广西桂林市龙胜各族自治县三门镇大罗村。

【主要特征特性】该资源叶片宽大，口感微苦，纤维较少。

名称	株高/cm	叶长/cm	叶宽/cm	株幅/cm	叶形	叶缘	叶面	叶色
大罗莴苣	29.0	32.3	17.7	50.5	长倒卵形	波状	平滑	浅绿色

【利用价值】该资源大部分生于野外，当地人采集作蔬菜食用，可作为叶用莴苣优良品种的选育材料。

4. 水力莴苣

【学名】Asteraceae（菊科）*Lactuca*（莴苣属）*Lactuca sativa*（莴苣）。

【采集地】广西河池市大化瑶族自治县共和乡水力村。

【主要特征特性】该资源生长旺盛，产量高。

名称	株高 /cm	叶长 /cm	叶宽 /cm	株幅 /cm	叶形	叶缘	叶面	叶色
水力莴苣	36.0	46.0	6.8	52.0	披针形	浅锯齿状	微皱	浅绿色

【利用价值】该资源大部分生于野外，当地人采集作蔬菜食用，可用作叶用莴苣优良品种的选育材料。

5. 荔浦尖叶莴苣

【**学名**】Asteraceae（菊科）*Lactuca*（莴苣属）*Lactuca sativa*（莴苣）。

【**采集地**】广西桂林市荔浦市。

【**主要特征特性**】该资源叶面平滑，微苦，口感清脆，产量高。

名称	株高 /cm	叶长 /cm	叶宽 /cm	株幅 /cm	叶形	叶缘	叶面	叶色
荔浦尖叶莴苣	45.0	48.0	6.0	60.0	披针形	浅锯齿状	平滑	浅绿色

【**利用价值**】在当地农户家少量种植，部分生于野外，作蔬菜食用，可用作叶用莴苣优良品种的选育材料。

6. 荔浦钝叶莴苣

【**学名**】Asteraceae（菊科）*Lactuca*（莴苣属）*Lactuca sativa*（莴苣）。

【**采集地**】广西桂林市荔浦市。

【**主要特征特性**】该资源叶片宽大，纤维少，苦味淡。

名称	株高 /cm	叶长 /cm	叶宽 /cm	株幅 /cm	叶形	叶缘	叶面	叶色
荔浦钝叶莴苣	28.0	31.0	19.0	48.0	长倒卵形	波状	皱	浅绿色

【**利用价值**】在当地农户家少量种植，部分生于野外，作蔬菜食用，可用作叶用莴苣优良品种的选育材料。

7. 柳江莴苣

【学名】Asteraceae（菊科）*Lactuca*（莴苣属）*Lactuca sativa*（莴苣）。

【采集地】广西柳州市柳江区。

【主要特征特性】该资源生长旺盛，产量高，抗虫性强。

名称	株高/cm	叶长/cm	叶宽/cm	株幅/cm	叶形	叶缘	叶面	叶色
柳江莴苣	47.0	50.0	14.7	53.0	倒披针形	浅锯齿状	平滑	浅绿色

【利用价值】该资源大部分生于野外，当地人采集作蔬菜食用，可用作叶用莴苣优良品种的选育材料。

第五节　其他叶菜优异资源

1. 英山蕹菜

【学名】Convolvulaceae（旋花科）*Ipomoea*（番薯属）*Ipomoea aquatica*（蕹菜）。

【采集地】广西柳州市鹿寨县中渡镇。

【主要特征特性】该资源叶片箭形，耐热性强，产量高，口感脆甜。

名称	株高 /cm	叶长 /cm	叶宽 /cm	叶形	叶缘	叶尖	叶色	叶柄色	叶型	花柄长 /cm	花柄粗 /mm
英山蕹菜	30.0	11.5	3.3	箭形	全缘	锐尖	深绿色	绿色	中叶型	7.8	1.4

【利用价值】该资源又名英山水蕹，在当地3～11月种植，鲜绿脆嫩，清香爽口，主要用于炒食和做汤，可作为亲本用于水田种植蕹菜优良品种的选育。

2. 博白空心菜

【**学名**】Convolvulaceae（旋花科）*Ipomoea*（番薯属）*Ipomoea aquatica*（蕹菜）。

【**采集地**】广西玉林市博白县博白镇茂江村。

【**主要特征特性**】该资源叶片楔形，耐热性强，口感脆甜。

名称	株高 /cm	叶长 /cm	叶宽 /cm	叶形	叶缘	叶尖	叶色	叶柄色	叶型	花柄长 /cm	花柄粗 /mm
博白空心菜	40.0	14.0	1.8	楔形	全缘	锐尖	深绿色	绿色	中叶型	8.8	1.2

【**利用价值**】博白县盛产空心菜，该资源在当地有上百年种植历史，适合旱地种植，可作为亲本用于旱地空心菜优良品种的选育。

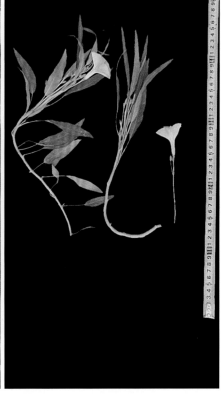

3. 那洪红苋菜

【学名】Amaranthaceae（苋科）*Amaranthus*（苋属）*Amaranthus tricolor*（苋）。

【采集地】广西百色市凌云县玉洪瑶族乡那洪村。

【主要特征特性】该资源无叶面刺毛，叶面花色，耐贫瘠，口感脆，结实较多。

名称	叶面	茎色	叶柄色	叶面刺毛	成株期叶面色	成株期叶背色	单株重 /g
那洪红苋菜	皱缩	紫红色	浅紫色	无	花色	紫色	9.5

【利用价值】在当地已有 30 年的种植历史，一般用于炒食，当地壮族居民利用其种子酿酒，可作为亲本用于苋菜优良品种的选育。

4.驮林红苋菜

【**学名**】Amaranthaceae（苋科）*Amaranthus*（苋属）*Amaranthus tricolor*（苋）。

【**采集地**】广西百色市靖西市魁圩乡驮林村。

【**主要特征特性**】该资源无叶面刺毛，叶面花色，抗虫性强。

名称	叶面	茎色	叶柄色	叶面刺毛	成株期叶面色	成株期叶背色	单株重/g
驮林红苋菜	皱缩	紫红色	紫红色	无	花色	紫红色	13.9

【**利用价值**】在当地已有 20 年的种植历史，幼嫩茎叶可炒食，也可用作五色糯米饭的红色染料，可作为亲本用于苋菜优良品种的选育。

5.驮林白苋菜

【学名】Amaranthaceae（苋科）*Amaranthus*（苋属）*Amaranthus tricolor*（苋）。

【采集地】广西百色市靖西市魁圩乡驮林村。

【主要特征特性】该资源无叶面刺毛，叶片绿色，耐寒。

名称	叶面	茎色	叶柄色	叶面刺毛	成株期叶面色	成株期叶背色	单株重 /g
驮林白苋菜	皱缩	浅绿色	浅绿色	无	绿色	绿色	21.0

【利用价值】在当地已有 20 年的种植历史，当地人采集幼嫩茎叶炒食，可作为亲本用于苋菜优良品种的选育。

6. 鸭行芥蓝

【学名】Brassicaceae（十字花科）*Brassica*（芸薹属）*Brassica alboglabra*（芥蓝）。

【采集地】广西钦州市灵山县灵城镇鸭行街。

【主要特征特性】该资源口感脆甜，耐寒性较强。

名称	株高 /cm	株幅 /cm	叶长 /cm	叶宽 /cm	叶柄长 /cm	叶柄宽 /cm	叶柄厚 /cm	主薹色	花瓣色	薹叶形状	叶面蜡粉
鸭行芥蓝	33.0	73.0	43.0	21.0	12.5	1.5	1.1	紫绿色	淡黄色	披针形	少

【利用价值】在当地 12 月至翌年 2 月种植，采收花薹炒食为主，其可作为亲本用于芥蓝优良品种的选育。

7. 老街柳叶菜心

【学名】Brassicaceae（十字花科）*Brassica*（芸薹属）*Brassica campestris* ssp. *chinensis* var. *utilis*（菜薹）。

【采集地】广西桂林市灵川县潭下镇老街村。

【主要特征特性】该资源株型高大，主薹叶片细长扭曲，分枝性强，口感清甜，耐寒性强。

名称	主薹长/cm	主薹粗/cm	主薹重/g	株型	基生叶形	叶缘	株高/cm	叶面	叶色	薹叶形状	熟性
老街柳叶菜心	6.9	1.3	96.7	半直立	长椭圆形	全缘	32.0	平滑	绿色	剑形	晚熟

【利用价值】可作为亲本用于优良菜心品种的选育。

8. 英山小油菜

【学名】Brassicaceae（十字花科）*Brassica*（芸薹属）*Brassica napus*（欧洲油菜）。

【采集地】广西柳州市鹿寨县中渡镇大兆村。

【主要特征特性】该资源口感清脆，耐寒，耐贫瘠。

名称	株高/cm	叶色	株型	叶缘	幼茎色	心叶色	真叶刺毛	主薹色	花瓣色	薹叶形状	叶面蜡粉
英山小油菜	103.0	深绿色	筒型	波状	微紫色	绿色	多	绿色	黄色	狭长三角形	无

　　【利用价值】在当地11月至翌年3月种植，一般用作绿肥肥田，收取油菜籽榨油，亦可采摘幼嫩茎叶炒食，可作为亲本用于菜油两用油菜品种的选育。

第六章
广西葱姜蒜类蔬菜

第一节　概　　述

广西各地种植的葱姜蒜类蔬菜主要有葱、姜、蒜、韭菜等，野生的葱姜蒜类蔬菜有山姜、薤头、野韭菜等。其中著名的地方品种有柳江香葱、田林大肉姜、西林火姜、靖西鸡姜、全州石塘生姜、玉林仁东香蒜等。

一、葱姜蒜类蔬菜种质资源调查收集和分布

2015～2018 年，在项目实施期间共收集葱姜蒜类蔬菜种质资源 295 份，其中葱 61份、姜 122 份、蒜 30 份、韭菜 60 份、薤头 15 份、薤白 7 份。

收集的 295 份葱姜蒜类蔬菜种质资源来自 13 个地级市的 54 个县（市、区），其中在桂林市 10 个县（市）收集的葱姜蒜类种质资源最多，达到 87 份，占资源总份数的29.49%（表 6-1）。

表 6-1　收集的葱姜蒜类蔬菜种质资源在广西的分布情况

地级市	县（市、区）	葱 / 份	薤头 / 份	薤白 / 份	姜 / 份	蒜 / 份	韭菜 / 份
百色市	那坡县、凌云县、隆林各族自治县、西林县、靖西市、平果市、乐业县、田东县、田林县	8	0	0	22	5	12
崇左市	凭祥市、宁明县、扶绥县、天等县、大新县	1	3	0	14	4	1
防城港市	上思县	1	0	0	6	3	2
贵港市	平南县、桂平市	0	0	0	2	0	0
桂林市	灵川县、资源县、灌阳县、龙胜各族自治县、恭城瑶族自治县、荔浦市、平乐县、兴安县、全州县、永福县	20	7	3	30	4	23
河池市	都安瑶族自治县、大化瑶族自治县、东兰县、天峨县	3	0	0	16	2	2
贺州市	富川瑶族自治县、钟山县、昭平县	10	2	1	4	7	2
来宾市	忻城县、金秀瑶族自治县	0	0	0	2	0	0
柳州市	柳城县、融水苗族自治县、三江侗族自治县、融安县、柳江区、鹿寨县	8	1	3	6	3	7
南宁市	宾阳县、武鸣区、横县、马山县、西乡塘区、隆安县	8	1	0	14	1	9

续表

地级市	县（市、区）	葱/份	薤头/份	薤白/份	姜/份	蒜/份	韭菜/份
钦州市	灵山县	1	1	0	2	0	0
梧州市	蒙山县	0	0	0	1	0	2
玉林市	兴业县、陆川县、北流市、玉州区	1	0	0	3	1	0
合计		61	15	7	122	30	60

二、葱姜蒜类种质资源类型

1. 葱

葱原产于中亚等地区，其鳞茎和嫩叶具有浓郁的辛香风味，具有杀菌、预防心血管疾病等功效。广西地区人民喜食香葱，主要是小葱，其在柳州市柳江区、桂林市灵川县和百色市田东县等地有大面积种植，长期种植逐渐形成了地方香葱品种。葱在民众饮食中占有重要地位，尤其对于广西的传统饮食米粉，广西拥有柳州螺蛳粉、桂林米粉、南宁老友粉等多种地方特色米粉，而葱是为米粉增添香味的重要配料。

已鉴定的52份香葱资源可以分为4种类型。第一类植株较大，株高可达50～70cm，假茎乳白色，假茎基部不膨大，假茎横径为1.0～1.2cm，可开花结实，有5份属于该类型；第二类植株中等，株高一般为35～50cm，假茎绿白或土黄色，假茎基部稍稍膨大，假茎横径为0.5～0.8cm，可开花结实，有19份属于该类型；第三类植株中等，株型较直立，株高一般为40～60cm，假茎土黄或浅褐色，假茎基部膨大，假茎横径为0.7～1.0cm，不能开花结实，有19份属于该类型；第四类植株较小，株高一般为25～40cm，假茎乳白色，假茎基部稍稍膨大，假茎横径为0.4～0.6cm，分蘖性强，不开花结实，有9份属于该类型。

2. 薤头、薤白

薤头和薤白原产于中国，在南方地区广泛分布，冬季地上部分会枯萎，以鳞茎状态在土里越冬，春季再长出茎叶。广西地区收集的资源多为野生种，少量为人工引种，多用于炒食和腌酸。鉴定的薤头资源有9份，均为同一类型，假茎绿白略带紫红色，呈鸡腿状，假茎基部膨胀明显，假茎横径可达1～2cm，可开紫色花，伞形花序近半球形，不结实；鉴定的薤白资源有6份，均为同一类型，假茎乳白色，假茎基部膨胀明显，假茎横径可达1～2cm，伞形花序球形，花白色或淡紫色，不结实。

3. 姜

姜原产于东南亚和南亚热带湿润的雨林地区，喜温而不耐霜。广西属于亚热带季风气候，比较适合生姜的生长繁殖，因此姜在整个广西区域的分布比较广泛，而目前主要分布在桂西、桂东南和桂北等地区。收集的姜资源包括姜科的姜属、山柰属、姜黄属和山姜属等，其中姜属种类最丰富，按生长习性主要分为大肉姜和小黄姜（也称细姜）两大类。大肉姜类包括田林大肉姜、靖西大肉姜、玉林大圆姜等品种，该类型生姜植株较高大，早熟高产，辛辣味较淡，适合鲜食或作为调味料使用，而嫩姜可腌渍、糖渍使用，风味独特且口感脆嫩。小黄姜类包括西林火姜和全州石塘生姜等品种，该类型生姜植株较矮小，晚熟中产，辛辣味较浓郁，适合作为调味料使用，老姜晾干后可做药用。

在已鉴定的 82 份姜种质资源中，不同资源根状茎的形状和大小差异较大，根状茎主要为细长形、椭圆形、长条形和圆形等类型，不同属间的大小差异很大，单株根状茎重量变幅为 130～510g。在 82 份姜种质资源中，68 份属于姜科地方栽培种，14 份属于姜科野生种。68 份地方栽培种包括姜属 62 份，占已鉴定资源总数的 75.61%，该属种类最丰富，有密苗型的西林火姜和疏苗型的田林大肉姜等特色品种；山柰属 6 份，占已鉴定资源总数的 7.32%。14 份野生种包括山姜属 7 份，占已鉴定资源总数的 8.54%；姜黄属 7 份，占已鉴定资源总数的 8.54%；两者普遍耐贫瘠，尤以姜黄属更耐旱且产量高。

4. 蒜

蒜性喜冷凉气候，在广西区域以秋冬种植为主，普遍在晚稻收割以后开始大量种植，种植区域以桂东南和桂北地区为主。蒜按生长习性可分为肉蒜和骨蒜两大类，肉蒜以桂北全州县地方品种为代表，该类型蒜表现为叶宽且半下垂，抽薹，晚熟高产，香辣味较淡；骨蒜以玉林市仁东镇种植的地方品种为代表，该类型蒜表现为叶窄且直立，不抽薹，早熟中产，香辣味较浓。广西蒜种植以生产青蒜和蒜头为主，青蒜主要是鲜食或作调味料，蒜头可做调味料亦可加工成蒜蓉酱或腌蒜等加工食品。

已鉴定的 22 份蒜种质资源的鳞茎大小和形状差异较大，鳞茎形状主要表现为椭圆形、球形和扁球形等类型，单个鳞茎重量变幅为 15.5～48.6g。该类资源以紫皮蒜最多，有 17 份，占已鉴定资源总数的 77.27%，该类资源蒜粒饱满，蒜香味浓郁，抗病性较强，其中玉林仁东香蒜尤为突出；白皮蒜 5 份，占已鉴定资源总数的 22.73%，该类资源产量较高但抗病性较弱。

5. 韭菜

韭菜起源于中国，又称起阳草，在广西俗称扁菜。已鉴定的 58 份韭菜资源共分 3 种类型。第一类是细叶类型，也称窄叶韭。该类型韭菜辛辣味浓，叶色浓绿，宽 0.3～0.5cm，单株重 1～2g，该类型韭菜是 3 种韭菜类型中整体表现更耐寒、耐热、抗病性强的一种类型，占已鉴定资源总数的 32.8%。第二类是宽叶类型，叶片宽 0.6～

0.8cm，单株重 4～8g。该类型韭菜是 3 种韭菜类型中生长最迅速，产量最高，抗病性、抗逆性中等的一类，占已鉴定资源总数的 56.9%。第三类是大叶类型，是广西特色的野生韭菜资源，在形态上与常见的栽培种韭菜有显著差异。该类型韭菜叶片深"V"形，株型似黄花菜或吊兰，叶片宽大肥厚，在采集地叶片宽 1.5～2.2cm，单株重 20～45g，而在南宁平原地区鉴定时叶片宽 0.7～1.5cm。该类型韭菜与云南、贵州等地的根用韭菜形态接近，但广西以叶用为主，偶有食用肉质根的地区。大叶类型韭菜是此次收集到的 3 种类型资源中叶片最宽大肥厚、冬春季鉴定中单位面积产量最高的类型，也是夏季鉴定中死亡过半、异地栽培形态差异最大的一种类型，占已鉴定资源总数的 10.3%。

三、葱姜蒜类种质资源优异特性

在收集获得的葱姜蒜类种质资源中，当地农户认为具有优异性状的种质资源有 38 份。其中，具有高产特性的资源有 3 份，具有抗病特性的资源有 7 份，具有耐寒特性的资源有 4 份，具有耐旱特性的资源有 5 份，具有耐贫瘠特性的资源有 4 份，具有优良品质的资源有 33 份。

第二节　香葱优异资源

1. 编连葱

【学名】Liliaceae（百合科）*Allium*（葱属）*Allium fistulosum*（葱）。

【采集地】广西柳州市融水苗族自治县融水镇罗龙村编连屯。

【主要特征特性】该资源生长整齐，根系长势强，香味浓郁，冬季生长势强。

名称	株高 /cm	株幅 /cm	假茎长 /cm	假茎横径 /cm	分蘖数	根系强弱	假茎色	单株重 /g	辛辣味	刺激性
编连葱	54.7	32.7	5.4	0.8	5	强	乳白色	9.5	中等	中等

【利用价值】该资源在当地具有 15 年以上种植历史，作为米粉、菜肴佐料食用。可直接应用于生产，或可用作育种材料进行香葱冬季栽培品种选育。

2. 撒子葱

【学名】Liliaceae（百合科）*Allium*（葱属）*Allium fistulosum*（葱）。

【采集地】广西贺州市钟山县公安镇廖屋村。

【主要特征特性】该资源耐热性强，植株高大，产量高，根系长势强，植株紧实，结实数量多。

名称	株高/cm	株幅/cm	假茎长/cm	假茎横径/cm	分蘖数	根系强弱	假茎色	单株重/g	辛辣味	刺激性
撒子葱	70.7	38.0	10.7	1.0	6	强	乳白色	15.8	中等	中等

【利用价值】现直接应用于生产，可留种进行繁殖，在当地具有20年以上种植历史，作为米粉、菜肴佐料食用，可用作杂交育种材料进行香葱耐热栽培品种选育。

3. 灵山香葱

【**学名**】Liliaceae（百合科）*Allium*（葱属）*Allium fistulosum*（葱）。

【**采集地**】广西钦州市灵山县新圩镇邓家村。

【**主要特征特性**】该资源生长整齐、挺直，耐热性较强。

名称	株高 /cm	株幅 /cm	假茎长 /cm	假茎横径 /cm	分蘖数	根系强弱	假茎色	单株重 /g	辛辣味	刺激性
灵山香葱	46.0	26.0	7.1	0.7	4	中	浅褐色	6.7	中等	中等

【**利用价值**】该资源在当地具有 10 年以上种植历史，作为米粉、菜肴佐料食用。可直接应用于生产，或可用作育种材料进行香葱耐热品种选育。

4. 那桐葱

【**学名**】Liliaceae（百合科）*Allium*（葱属）*Allium fistulosum*（葱）。

【**采集地**】广西南宁市隆安县那桐镇。

【**主要特征特性**】该资源生长整齐，根系长势强，耐热性强。

名称	株高 /cm	株幅 /cm	假茎长 /cm	假茎横径 /cm	分蘖数	根系强弱	假茎色	单株重 /g	辛辣味	刺激性
那桐葱	43.3	31.7	9.0	0.7	5	强	绿白色	6.8	中等	中等

【**利用价值**】该资源在当地具有 10 年以上种植历史，作为米粉、菜肴佐料食用。可直接应用于生产，或可用作育种材料进行香葱耐热品种选育。

5. 小矮婆娘

【学名】Liliaceae（百合科）*Allium*（葱属）*Allium fistulosum*（葱）。

【采集地】广西桂林市灵川县灵川镇王家村。

【主要特征特性】该资源耐寒性强，根系长势强，分蘖数多，辛辣味浓。

名称	株高 /cm	株幅 /cm	假茎长 /cm	假茎横径 /cm	分蘖数	根系强弱	假茎色	单株重 /g	辛辣味	刺激性
小矮婆娘	25.0	24.0	6.8	0.7	10	强	绿白色	4.2	浓	强烈

【利用价值】现直接应用于生产，在当地大面积种植，具有 15 年以上种植历史，作为米粉、菜肴佐料食用，可用作育种材料进行香葱冬季栽培品种选育。

6. 大矮婆娘

【学名】Liliaceae（百合科）*Allium*（葱属）*Allium fistulosum*（葱）。
【采集地】广西桂林市灵川县灵川镇王家村。
【主要特征特性】该资源耐寒性强，分蘖数较多，辛辣味浓。

名称	株高 /cm	株幅 /cm	假茎长 /cm	假茎横径 /cm	分蘖数	根系强弱	假茎色	单株重 /g	辛辣味	刺激性
大矮婆娘	29.5	35.0	6.5	0.7	8	中	乳白色	6.5	浓	强烈

【利用价值】现直接应用于生产，在当地大面积种植，具有 15 年以上种植历史，作为米粉、菜肴佐料食用，可用作育种材料进行香葱冬季栽培品种选育。

7. 灵川水葱

【学名】Liliaceae（百合科）*Allium*（葱属）*Allium fistulosum*（葱）。
【采集地】广西桂林市灵川县灵川镇王家村。
【主要特征特性】该资源假茎较长，根系长势强，耐热性较强。

名称	株高 /cm	株幅 /cm	假茎长 /cm	假茎横径 /cm	分蘖数	根系强弱	假茎色	单株重 /g	辛辣味	刺激性
灵川水葱	37.2	25.7	9.3	0.6	4	强	乳白色	13.7	中等	中等

【利用价值】现直接应用于生产，在当地大面积种植，具有 15 年以上种植历史，作为米粉、菜肴佐料食用，可用作育种材料进行香葱耐热品种选育。

8. 四联四季葱

【学名】Liliaceae（百合科）*Allium*（葱属）*Allium fistulosum*（葱）。

【采集地】广西桂林市灵川县灵田镇四联村。

【主要特征特性】该资源假茎较长，香味浓郁，生长适应性较强。

名称	株高 /cm	株幅 /cm	假茎长 /cm	假茎横径 /cm	分蘖数	根系强弱	假茎色	单株重 /g	辛辣味	刺激性
四联四季葱	34.6	36.3	10.5	0.6	6	中	乳白色	8.5	中等	强烈

【利用价值】该资源在当地具有 10 年以上种植历史，作为米粉、菜肴佐料食用，可直接应用于生产，或可用作育种材料进行香葱新品种选育。

9. 梅溪葱

【学名】Liliaceae（百合科）*Allium*（葱属）*Allium fistulosum*（葱）。

【采集地】广西桂林市资源县梅溪乡铜座村。

【主要特征特性】该资源生长整齐、挺直，耐冷性强，冬季长势好。

名称	株高 /cm	株幅 /cm	假茎长 /cm	假茎横径 /cm	分蘖数	根系强弱	假茎色	单株重 /g	辛辣味	刺激性
梅溪葱	37.0	22.5	6.0	0.3	5	中	浅褐色	10	中等	中等

【利用价值】该资源在当地具有 30 年种植历史，作为油茶等的佐料，可直接应用于生产，或可用作育种材料进行香葱冬季栽培品种选育。

10. 荔浦红头葱

【学名】Liliaceae（百合科）*Allium*（葱属）*Allium fistulosum*（葱）。

【采集地】广西桂林市荔浦市新坪镇桂东村。

【主要特征特性】该资源根系长势强，生长整齐、挺直，冬季长势好。

名称	株高 /cm	株幅 /cm	假茎长 /cm	假茎横径 /cm	分蘖数	根系强弱	假茎色	单株重 /g	辛辣味	刺激性
荔浦红头葱	40.0	18.5	7	0.4	5	强	浅褐色	11.5	中等	中等

【利用价值】该资源在当地具有 10 年以上种植历史，作为佐料食用，可直接应用于生产，或可用作育种材料进行香葱冬季栽培品种选育。

11. 那坡葱

【学名】Liliaceae（百合科）*Allium*（葱属）*Allium fistulosum*（葱）。

【采集地】广西百色市那坡县龙合乡共合村。

【主要特征特性】该资源采集于海拔 1035m 处，根系长势强，生长整齐，株型挺直，耐寒性强，香味浓郁。

名称	株高 /cm	株幅 /cm	假茎长 /cm	假茎横径 /cm	分蘖数	根系强弱	假茎色	单株重 /g	辛辣味	刺激性
那坡葱	47.2	13.0	8.3	1.4	5	强	浅褐色	12.7	中等	中等

【利用价值】该资源在当地具有 40 年种植历史，作为佐料食用，可直接应用于生产，或可用作育种材料进行香葱冬季栽培品种选育。

12. 桑源葱

【学名】Liliaceae（百合科）*Allium*（葱属）*Allium fistulosum*（葱）。

【采集地】广西桂林市恭城瑶族自治县莲花镇桑源村。

【主要特征特性】该资源根系长势强，冬季长势好。

名称	株高 /cm	株幅 /cm	假茎长 /cm	假茎横径 /cm	分蘖数	根系强弱	假茎色	单株重 /g	辛辣味	刺激性
桑源葱	43.3	25.1	5.7	0.3	3	强	浅褐色	10	中等	中等

【利用价值】该资源具有 50 年种植历史，作为米粉、油茶佐料食用，可直接应用于生产，或可用作育种材料进行香葱冬季栽培品种选育。

13. 田东香葱

【学名】Liliaceae（百合科）*Allium*（葱属）*Allium fistulosum*（葱）。

【采集地】广西百色市田东县。

【主要特征特性】该资源根系长势强，假茎较长，易抽薹结实。

名称	株高 /cm	株幅 /cm	假茎长 /cm	假茎横径 /cm	分蘖数	根系强弱	假茎色	单株重 /g	辛辣味	刺激性
田东香葱	47.8	14.0	12.5	1.0	8	强	绿白色	22.5	中等	中等

【利用价值】现直接应用于生产，在当地大面积种植，具有 30 年以上种植历史，作为佐料食用，可作为育种材料进行香葱杂交育种。

14. 逻楼香葱

【**学名**】Liliaceae（百合科）*Allium*（葱属）*Allium fistulosum*（葱）。

【**采集地**】广西百色市凌云县逻楼镇敏村村。

【**主要特征特性**】该资源生长整齐、挺直，辛辣味浓，耐热性强。

名称	株高 /cm	株幅 /cm	假茎长 /cm	假茎横径 /cm	分蘖数	根系强弱	假茎色	单株重 /g	辛辣味	刺激性
逻楼香葱	43.2	31.0	9.7	0.4	3	中	浅褐色	12.5	浓	中等

【**利用价值**】该资源在当地具有 50 年以上种植历史，作为佐料食用，可直接应用于生产，或可用作育种材料进行香葱耐热品种选育。

15. 老口香葱

【学名】Liliaceae（百合科）*Allium*（葱属）*Allium fistulosum*（葱）。

【采集地】广西南宁市西乡塘区石埠街道老口村。

【主要特征特性】该资源假茎较长，耐热性较强。

名称	株高 /cm	株幅 /cm	假茎长 /cm	假茎横径 /cm	分蘖数	根系强弱	假茎色	单株重 /g	辛辣味	刺激性
老口香葱	38.6	16.0	10.5	0.6	5	中	乳白色	6.9	中等	中等

【利用价值】现直接应用于生产，在当地具有 10 年以上种植历史，作为佐料食用，可用作育种材料进行香葱耐热品种选育。

16. 小米葱

【学名】Liliaceae（百合科）*Allium*（葱属）*Allium fistulosum*（葱）。

【采集地】广西柳州市柳江区三都镇觉山村。

【主要特征特性】该资源葱管硬度大，叶肉厚，假茎分蘖力强，耐寒性强。

名称	株高 /cm	株幅 /cm	假茎长 /cm	假茎横径 /cm	分蘖数	根系强弱	假茎色	单株重 /g	辛辣味	刺激性
小米葱	34.0	19.0	6.2	0.7	8	中	乳白色	9.6	淡	中等

【利用价值】现直接应用于生产，在当地大面积种植，具有 20 年以上种植历史，作为菜肴、米粉佐料，可作为香葱冬季栽培品种进行选育推广。

17. 大米葱

【**学名**】Liliaceae（百合科）*Allium*（葱属）*Allium fistulosum*（葱）。

【**采集地**】广西柳州市柳江区三都镇觉山村。

【**主要特征特性**】该资源葱管硬度大，叶肉厚，假茎分蘖力强，根系长势强，耐热性强。

名称	株高 /cm	株幅 /cm	假茎长 /cm	假茎横径 /cm	分蘖数	根系强弱	假茎色	单株重 /g	辛辣味	刺激性
大米葱	47.0	17.7	7.0	0.6	6	强	乳白色	11.8	中等	中等

【**利用价值**】现直接应用于生产，在当地大面积种植，具有 20 年以上种植历史，作为菜肴、米粉佐料，可作为优异资源进行香葱耐热品种选育或夏季栽培品种推广。

18. 白头葱

【学名】Liliaceae（百合科）*Allium*（葱属）*Allium fistulosum*（葱）。

【采集地】广西柳州市柳江区三都镇觉山村。

【主要特征特性】该资源假茎长，根系长势强，假茎分蘖力强。

名称	株高/cm	株幅/cm	假茎长/cm	假茎横径/cm	分蘖数	根系强弱	假茎色	单株重/g	辛辣味	刺激性
白头葱	44.0	20.7	12.0	0.7	11	强	绿白色	7.7	中等	中等

【利用价值】现直接应用于生产，在当地大面积种植，具有20年以上种植历史，作为菜肴、米粉佐料，可作为优异资源进行香葱新品种选育或推广栽培。

19. 天峨香葱

【学名】Liliaceae（百合科）*Allium*（葱属）*Allium fistulosum*（葱）。

【采集地】广西河池市天峨县。

【主要特征特性】该资源根系长势强，冬季生长势好。

名称	株高/cm	株幅/cm	假茎长/cm	假茎横径/cm	分蘖数	根系强弱	假茎色	单株重/g	辛辣味	刺激性
天峨香葱	29.8	17.0	6.7	0.8	4	强	土黄色	3.6	中等	中等

【利用价值】该资源在当地具有10年以上种植历史，作为菜肴和调料食用，可直接应用于生产，或可用作育种材料进行香葱冬季栽培品种选育。

20. 西河香葱

【学名】Liliaceae（百合科）*Allium*（葱属）*Allium fistulosum*（葱）。

【采集地】广西桂林市永福县龙江乡西河村。

【主要特征特性】该资源植株高大、挺直，香味浓，口感好。

名称	株高 /cm	株幅 /cm	假茎长 /cm	假茎横径 /cm	分蘖数	根系强弱	假茎色	单株重 /g	辛辣味	刺激性
西河香葱	51.6	23.3	12.7	1.0	5	中	乳白色	24.3	中等	中等

【利用价值】该资源在当地具有 10 年以上种植历史，作为菜肴和调料食用，可直接应用于生产，或可作为育种材料进行香葱优良品种选育。

第三节 薤头、薤白优异资源

1. 柳城薤头

【学名】Liliaceae（百合科）*Allium*（葱属）*Allium chinense*（薤头）。

【采集地】广西柳州市柳城县寨隆镇更祥村。

【主要特征特性】该资源根系长势强，香味浓郁，无刺激性。

名称	株高 /cm	株幅 /cm	假茎长 /cm	假茎横径 /cm	分蘖数	根系强弱	假茎色	单株重 /g	辛辣味	刺激性
柳城薤头	25.6	56.0	6.1	1.5	3	强	绿白色	4.1	淡	无

【利用价值】主要食用嫩叶和地下鳞茎，炒食或将鳞茎腌渍食用，可作为优异资源进行选育栽培。

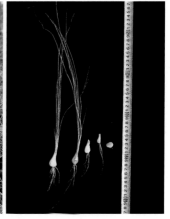

2. 梅溪薤头

【学名】Liliaceae（百合科）*Allium*（葱属）*Allium chinense*（薤头）。

【采集地】广西桂林市资源县。

【主要特征特性】该资源在当地又名鸟仔葱，假茎个头大，香味浓郁，无刺激性。

名称	株高 /cm	株幅 /cm	假茎长 /cm	假茎横径 /cm	分蘖数	根系强弱	假茎色	单株重 /g	辛辣味	刺激性
梅溪薤头	33.2	59.7	6.7	1.9	2	中	乳白色	10.7	淡	无

【利用价值】主要食用嫩叶和地下鳞茎，炒食或将鳞茎腌渍食用，可作为优异资源进行选育栽培。

3.融安薤白

【**学名**】Liliaceae（百合科）*Allium*（葱属）*Allium macrostemon*（薤白）。

【**采集地**】广西柳州市融安县大良镇和南村。

【**主要特征特性**】该资源耐贫瘠，辛辣味浓，假茎长，假茎个头较大。

名称	株高 /cm	株幅 /cm	假茎长 /cm	假茎横径 /cm	分蘖数	根系强弱	假茎色	单株重 /g	辛辣味	刺激性
融安薤白	37.6	54.7	15.1	1.5	3	中	乳白色	10.5	浓	强烈

【**利用价值**】主要食用嫩叶和地下近球形鳞茎，炒食或将鳞茎腌渍食用，可作为优异资源进行选育栽培。

第四节　姜优异资源

1. 大冲藤姜

【学名】Zingiberaceae（姜科）*Zingiber*（姜属）*Zingiber officinale*（姜）。

【采集地】广西桂林市平乐县同安镇平山村大冲屯。

【主要特征特性】该资源口感较辛辣，姜肉淡黄，生长势较强，中抗姜瘟病和茎基腐病。

名称	株高 /cm	株幅 /cm	分枝数	主茎叶片数	地上茎粗 /mm	根状茎长 /cm	根状茎宽 /cm	根状茎重 /g
大冲藤姜	125.2	58.5	18	24	10.8	22.2	9.6	450

【利用价值】可直接用于生产，在当地有 10 年以上种植历史，可菜用亦可药用，可缓解胃寒、感冒和呕吐等。

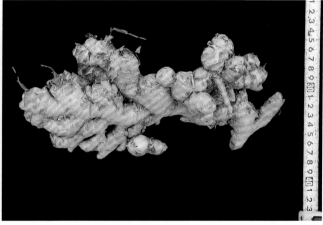

2. 毛段生姜

【学名】Zingiberaceae（姜科）*Zingiber*（姜属）*Zingiber officinale*（姜）。

【采集地】广西贺州市钟山县花山瑶族乡毛段村。

【主要特征特性】该资源口感较辛辣，姜肉鲜黄，生长势较强，中抗茎基腐病。

名称	株高 /cm	株幅 /cm	分枝数	主茎叶片数	地上茎粗 /mm	根状茎长 /cm	根状茎宽 /cm	根状茎重 /g
毛段生姜	123.2	64.0	16	24	11.1	21.6	9.4	430

【利用价值】该资源可直接用于生产，在当地有 8 年以上种植历史，可菜用亦可药用，可缓解胃寒、感冒和呕吐等，可做抗病育种材料。

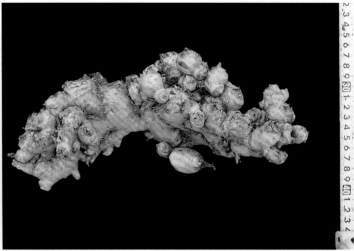

3. 靖西鸡姜

【**学名**】Zingiberaceae（姜科）*Zingiber*（姜属）*Zingiber officinale*（姜）。

【**采集地**】广西百色市靖西市地州镇怀敏村。

【**主要特征特性**】该资源根状茎较小但分枝较多，口感较辛辣，姜肉鲜黄，生长势较强，产量较高。

名称	株高/cm	株幅/cm	分枝数	主茎叶片数	地上茎粗/mm	根状茎长/cm	根状茎宽/cm	根状茎重/g
靖西鸡姜	122.8	60.3	20	24	11.4	22.4	9.8	660

【**利用价值**】该资源可直接用于生产，在当地有 20 年以上种植历史，可食用嫩、老熟根状茎，亦可缓解胃寒、感冒和呕吐等，可做丰产育种材料。

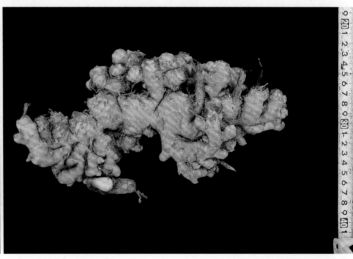

4. 江洲生姜

【学名】Zingiberaceae（姜科）*Zingiber*（姜属）*Zingiber officinale*（姜）。

【采集地】广西桂林市灵川县潭下镇江洲村。

【主要特征特性】该资源根状茎较小，分枝较多，口感较辛辣，姜肉鲜黄，生长势较强，中抗姜瘟病。

名称	株高 /cm	株幅 /cm	分枝数	主茎叶片数	地上茎粗 /mm	根状茎长 /cm	根状茎宽 /cm	根状茎重 /g
江洲生姜	115.0	58.8	15	22	11.1	23.2	10.2	490

【利用价值】该资源可直接用于生产，在当地有 10 年以上种植历史，可食用嫩、老熟根状茎，可做抗病育种材料。

5. 源口生姜

【学名】Zingiberaceae（姜科）*Zingiber*（姜属）*Zingiber officinale*（姜）。

【采集地】广西桂林市灵川县潭下镇源口村。

【主要特征特性】该资源根状茎较小，分枝较多，口感较辛辣，姜肉鲜黄，生长势较强，中抗姜瘟病。

名称	株高 /cm	株幅 /cm	分枝数	主茎叶片数	地上茎粗 /mm	根状茎长 /cm	根状茎宽 /cm	根状茎重 /g
源口生姜	96.2	46.8	22.6	21	9.9	24.0	9.0	480

【利用价值】该资源可直接用于生产，嫩、老熟根状茎可菜用，可做抗病育种材料。

6. 西隆生姜

【学名】Zingiberaceae（姜科）*Zingiber*（姜属）*Zingiber officinale*（姜）。

【采集地】广西河池市都安瑶族自治县三只羊乡西隆村。

【主要特征特性】该资源根状茎较小，生长势较强，口感较辛辣，姜肉鲜黄，产量高，中抗姜瘟病和茎基腐病。

名称	株高 /cm	株幅 /cm	分枝数	主茎叶片数	地上茎粗 /mm	根状茎长 /cm	根状茎宽 /cm	根状茎重 /g
西隆生姜	118.8	62.1	25	25	10.7	24.4	10.4	580

【利用价值】该资源可直接用于生产，根状茎可菜用和药用，可做抗病育种材料。

7. 六高生姜

【学名】Zingiberaceae（姜科）*Zingiber*（姜属）*Zingiber officinale*（姜）。

【采集地】广西南宁市宾阳县思陇镇六高村。

【主要特征特性】该资源生长势较强，口感较辛辣，姜肉鲜黄，产量高，中抗姜瘟病。

名称	株高/cm	株幅/cm	分枝数	主茎叶片数	地上茎粗/mm	根状茎长/cm	根状茎宽/cm	根状茎重/g
六高生姜	110.4	62.1	21	23	10.2	25.4	10.0	644

【利用价值】该资源可直接用于生产，在当地有 8 年以上种植历史，老熟根状茎可菜用，可做抗病育种材料。

8. 下敖生姜

【学名】Zingiberaceae（姜科）*Zingiber*（姜属）*Zingiber officinale*（姜）。

【采集地】广西崇左市凭祥市上石镇下敖村。

【主要特征特性】该资源生长势较强，口感较辛辣，姜肉鲜黄，产量高，中抗姜瘟病和茎基腐病。

名称	株高/cm	株幅/cm	分枝数	主茎叶片数	地上茎粗/mm	根状茎长/cm	根状茎宽/cm	根状茎重/g
下敖生姜	124.0	57.0	28	25	11.0	27.2	10.6	910

【利用价值】该资源可直接用于生产，在当地有 10 年以上的种植历史，老熟根状茎可菜用和药用，可做抗病育种材料。

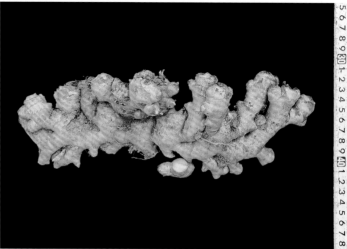

9. 松柏生姜

【**学名**】Zingiberaceae（姜科）*Zingiber*（姜属）*Zingiber officinale*（姜）。

【**采集地**】广西防城港市上思县叫安乡松柏村。

【**主要特征特性**】该资源生长势较强，口感较辛辣，姜肉鲜黄，中抗姜瘟病。

名称	株高 /cm	株幅 /cm	分枝数	主茎叶片数	地上茎粗 /mm	根状茎长 /cm	根状茎宽 /cm	根状茎重 /g
松柏生姜	111.6	56.5	20	21	10.9	22.8	9.8	490

【**利用价值**】该资源为当地农户自留种，已有 10 年以上的种植历史，老熟根状茎可菜用和药用，可做抗病育种材料。

10. 马元生姜

【学名】Zingiberaceae（姜科）*Zingiber*（姜属）*Zingiber officinale*（姜）。

【采集地】广西百色市那坡县龙合乡马元村。

【主要特征特性】该资源生长势较强，口感较辛辣，姜肉鲜黄，产量较高。

名称	株高/cm	株幅/cm	分枝数	主茎叶片数	地上茎粗/mm	根状茎长/cm	根状茎宽/cm	根状茎重/g
马元生姜	105.5	58.8	22	23	11.1	24.5	11.5	530

【利用价值】该资源为当地农户自留种，已有 8 年以上的种植历史，老熟根状茎可菜用和药用，可做丰产育种材料。

11. 枯娄生姜

【学名】Zingiberaceae（姜科）*Zingiber*（姜属）*Zingiber officinale*（姜）。

【采集地】广西防城港市上思县公正乡枯娄村。

【主要特征特性】该资源生长势较强，口感较辛辣，姜肉鲜黄，中抗姜瘟病。

名称	株高/cm	株幅/cm	分枝数	主茎叶片数	地上茎粗/mm	根状茎长/cm	根状茎宽/cm	根状茎重/g
枯娄生姜	103.8	62.8	12	23	10.3	24.0	10.0	440

【利用价值】该资源为当地农户自留种，已有 10 年以上的种植历史，老熟根状茎可菜用和药用，可做抗病育种材料。

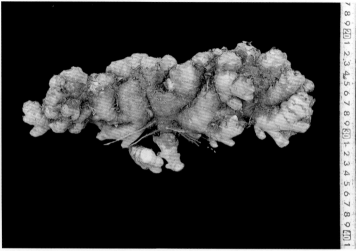

12. 彩林生姜

【学名】Zingiberaceae（姜科）*Zingiber*（姜属）*Zingiber officinale*（姜）。

【采集地】广西防城港市上思县公正乡彩林村。

【主要特征特性】该资源生长势较强，口感较辛辣，姜肉鲜黄，产量较高。

名称	株高 /cm	株幅 /cm	分枝数	主茎叶片数	地上茎粗 /mm	根状茎长 /cm	根状茎宽 /cm	根状茎重 /g
彩林生姜	107.2	65.0	21	22	10.6	22.2	9.6	580

【利用价值】该资源为当地农户自留种，已有 8 年以上的种植历史，老熟根状茎可菜用和药用，可做丰产育种材料。

13. 隆福火姜

【学名】Zingiberaceae（姜科）*Zingiber*（姜属）*Zingiber officinale*（姜）。

【采集地】广西河池市都安瑶族自治县隆福乡隆福村。

【主要特征特性】该资源生长势较强，口感较辛辣，姜肉鲜黄，产量较高。

名称	株高/cm	株幅/cm	分枝数	主茎叶片数	地上茎粗/mm	根状茎长/cm	根状茎宽/cm	根状茎重/g
隆福火姜	113.2	59.3	24	22	10.8	22.5	10.0	560

【利用价值】该资源为当地农户自留种，已有10年以上的种植历史，根状茎可菜用和药用，可做丰产育种材料。

14. 那当生姜

【学名】Zingiberaceae（姜科）*Zingiber*（姜属）*Zingiber officinale*（姜）。

【采集地】广西防城港市上思县叫安乡那当村。

【主要特征特性】该资源生长势较强，口感较辛辣，姜肉鲜黄，产量较高，中抗姜瘟病。

名称	株高/cm	株幅/cm	分枝数	主茎叶片数	地上茎粗/mm	根状茎长/cm	根状茎宽/cm	根状茎重/g
那当生姜	107.6	67.3	25	23	10.8	23.4	10.0	680

【利用价值】该资源为当地农户自留种，已有6年以上的种植历史，根状茎可菜用和药用，可做丰产和抗病育种材料。

15. 古宜生姜

【**学名**】Zingiberaceae（姜科）*Zingiber*（姜属）*Zingiber officinale*（姜）。

【**采集地**】广西柳州市三江侗族自治县古宜镇。

【**主要特征特性**】该资源生长势较强，口感较辛辣，姜肉鲜黄，中抗姜瘟病。

名称	株高 /cm	株幅 /cm	分枝数	主茎叶片数	地上茎粗 /mm	根状茎长 /cm	根状茎宽 /cm	根状茎重 /g
古宜生姜	125.2	58.5	18	24	10.8	22.2	9.6	450

【**利用价值**】该资源为当地农户自留种，已有 10 年以上的种植历史，老熟根状茎可菜用，可做抗病育种材料。

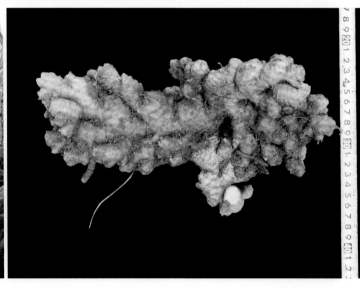

16. 田林大肉姜

【**学名**】Zingiberaceae（姜科）*Zingiber*（姜属）*Zingiber officinale*（姜）。

【**采集地**】广西百色市田林县。

【**主要特征特性**】该资源根状茎较大，生长势较强，产量较高，中抗姜瘟病。

名称	株高 /cm	株幅 /cm	分枝数	主茎叶片数	地上茎粗 /mm	根状茎长 /cm	根状茎宽 /cm	根状茎重 /g
田林大肉姜	141.0	68.5	14	26	11.1	25.2	12.5	670

【**利用价值**】该资源为优良地方品种，嫩或老熟的根状茎可菜用和药用，可做丰产和抗病育种材料。

 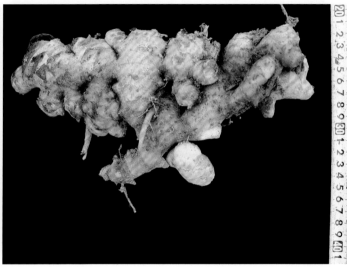

17. 西林火姜

【**学名**】Zingiberaceae（姜科）*Zingiber*（姜属）*Zingiber officinale*（姜）。

【**采集地**】广西百色市西林县。

【**主要特征特性**】该资源根状茎较小，生长势较强，口感辛辣，姜肉鲜黄，较抗姜瘟病和茎基腐病。

名称	株高 /cm	株幅 /cm	分枝数	主茎叶片数	地上茎粗 /mm	根状茎长 /cm	根状茎宽 /cm	根状茎重 /g
西林火姜	129.2	55.2	28	24	10.9	26.2	10.6	560

【**利用价值**】该资源为优良地方品种，嫩或老熟的根状茎可菜用和药用，是深加工成干姜片和姜粉及姜晶的主要原料，可做抗病和高品质育种材料。

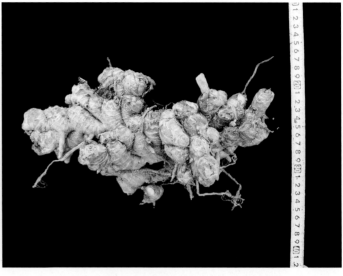

18. 思旺沙姜

【学名】Zingiberaceae（姜科）*Kaempferia*（山柰属）*Kaempferia galanga*（山柰）。

【采集地】广西贵港市平南县思旺镇。

【主要特征特性】该资源生长势较强，香味浓郁，产量较高，高抗姜瘟病和茎基腐病。

名称	株高 /cm	株幅 /cm	分枝数	主茎叶片数	地上茎粗 /mm	根状茎长 /cm	根状茎宽 /cm	根状茎重 /g
思旺沙姜	22.0	23.5	14	2	11.7	11.0	5.4	130

【利用价值】成熟根状茎可做菜用调料和药用。

19. 田心沙姜

【学名】Zingiberaceae（姜科）*Kaempferia*（山柰属）*Kaempferia galanga*（山柰）。

【采集地】广西贵港市桂平市紫荆镇田心村。

【主要特征特性】该资源生长势较强，香味浓郁，高抗姜瘟病和茎基腐病。

名称	株高 /cm	株幅 /cm	分枝数	主茎叶片数	地上茎粗 /mm	根状茎长 /cm	根状茎宽 /cm	根状茎重 /g
田心沙姜	16.6	20.8	7	2	10.9	11.4	5.8	120

【利用价值】成熟根状茎可做菜用调料和药用。

20. 六西姜黄

【学名】Zingiberaceae（姜科）*Curcuma*（姜黄属）*Curcuma longa*（姜黄）。

【采集地】广西玉林市兴业县龙安镇六西村。

【主要特征特性】该资源生长势强，耐贫瘠，耐干旱，香味独特，高抗姜瘟病和茎基腐病。

名称	株高 /cm	株幅 /cm	分枝数	主茎叶片数	地上茎粗 /mm	根状茎长 /cm	根状茎宽 /cm	根状茎重 /g
六西姜黄	182.8	68.5	4	8	67.6	23.0	13.5	510

【利用价值】成熟根状茎晒干后碾碎可做调料和药用。

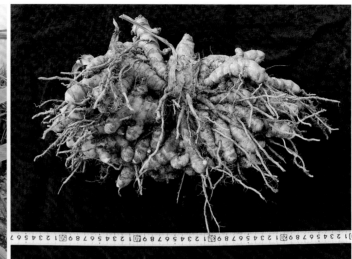

21. 平坛姜黄

【学名】Zingiberaceae（姜科）*Curcuma*（姜黄属）*Curcuma longa*（姜黄）。

【采集地】广西百色市那坡县百合乡平坛村。

【主要特征特性】该资源生长势强，产量高，耐贫瘠，耐干旱，香味独特，高抗姜瘟病和茎基腐病。

名称	株高 /cm	株幅 /cm	分枝数	主茎叶片数	地上茎粗 /mm	根状茎长 /cm	根状茎宽 /cm	根状茎重 /g
平坛姜黄	149.0	55.2	5	7	51.8	27.0	18.3	890

【利用价值】成熟根状茎晒干后碾碎可做食用调味品香料和染料，也可药用。

22. 陆川山姜

【学名】Zingiberaceae（姜科）*Alpinia*（山姜属）*Alpinia japonica*（山姜）。

【采集地】广西玉林市陆川县横山乡同心村。

【主要特征特性】该资源生长势强，产量高，耐贫瘠，耐干旱，抗病性强。

名称	株高 /cm	株幅 /cm	分枝数	主茎叶片数	地上茎粗 /mm	根状茎长 /cm	根状茎宽 /cm	根状茎重 /g
陆川山姜	173.0	52.5	31	22	16.5	41.0	17.0	3950

【利用价值】鲜根状茎和晒干的根状茎可用作煲汤的配料，可做抗病育种材料。

 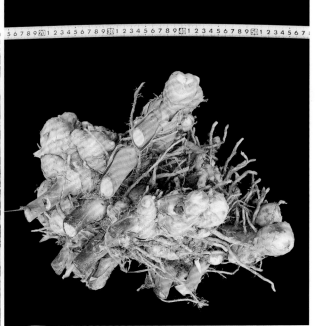

23. 马山香姜

【学名】Zingiberaceae（姜科）*Alpinia*（山姜属）*Alpinia japonica*（山姜）。

【采集地】广西南宁市马山县古寨瑶族乡本立村。

【主要特征特性】该资源生长势强，耐贫瘠，耐干旱，香味浓郁，抗病性强。

名称	株高 /cm	株幅 /cm	分枝数	主茎叶片数	地上茎粗 /mm	根状茎长 /cm	根状茎宽 /cm	根状茎重 /g
马山香姜	37.3	28.5	10	8	7.7	11.0	8.2	400

【利用价值】该资源散发独特的香味，鲜根状茎和晒干的根状茎可用作煮菜或煲汤的配料，可做抗病育种材料。

第五节　蒜优异资源

1. 金武坪大蒜

【**学名**】Liliaceae（百合科）*Allium*（葱属）*Allium sativum*（蒜）。

【**采集地**】广西贺州市钟山县珊瑚镇新民村金武坪屯。

【**主要特征特性**】该资源口感较辛辣，香味浓郁，颗粒饱满，生长势较强，耐热性较强，中抗叶枯病和疫病。

名称	株型	株高 /cm	株幅 /cm	叶长 /cm	叶宽 /cm	鳞茎高 /cm	鳞茎直径 /cm	鳞茎重 /g
金武坪大蒜	直立	55.6	15.5	37.7	1.7	3.8	4.2	30.7

【**利用价值**】该资源已有 10 年以上的种植历史，蒜苗或蒜成熟的鳞茎可菜用，可做高品质和抗病育种材料。

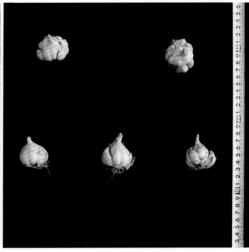

2. 维旧大蒜

【学名】Liliaceae（百合科）*Allium*（葱属）*Allium sativum*（蒜）。

【采集地】广西崇左市扶绥县中东镇维旧村。

【主要特征特性】该资源口感较辛辣，颗粒饱满，生长势较强，中抗叶枯病。

名称	株型	株高 /cm	株幅 /cm	叶长 /cm	叶宽 /cm	鳞茎高 /cm	鳞茎直径 /cm	鳞茎重 /g
维旧大蒜	直立	54.0	18.2	37.7	1.3	3.6	4.4	30.7

【利用价值】该资源为当地农户自留种，已有10年以上的种植历史，蒜苗或蒜成熟的鳞茎可用作煮菜的调味品，可做抗病育种材料。

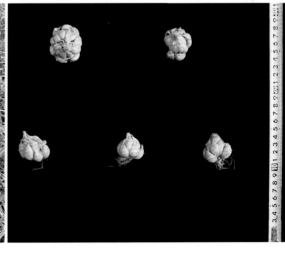

3. 新灵大蒜

【**学名**】Liliaceae（百合科）*Allium*（葱属）*Allium sativum*（蒜）。

【**采集地**】广西崇左市扶绥县中东镇新灵村。

【**主要特征特性**】该资源香味浓郁，颗粒饱满，较耐热，生长势较强，产量较高。

名称	株型	株高 /cm	株幅 /cm	叶长 /cm	叶宽 /cm	鳞茎高 /cm	鳞茎直径 /cm	鳞茎重 /g
新灵大蒜	半直立	55.6	19.5	31.0	2.3	4.0	4.5	48.6

【**利用价值**】该资源已有 10 年以上的种植历史，主要取食蒜苗或蒜成熟的鳞茎，可做丰产育种材料。

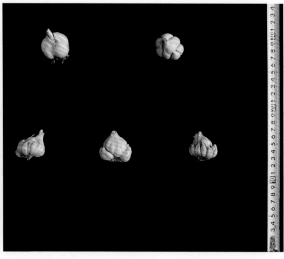

4. 江同大蒜

【**学名**】Liliaceae（百合科）*Allium*（葱属）*Allium sativum*（蒜）。

【**采集地**】广西百色市隆林各族自治县者保乡江同村。

【**主要特征特性**】该资源香味浓郁，颗粒饱满，生长势较强，中抗叶枯病。

名称	株型	株高 /cm	株幅 /cm	叶长 /cm	叶宽 /cm	鳞茎高 /cm	鳞茎直径 /cm	鳞茎重 /g
江同大蒜	直立	55.6	16.5	37.7	1.7	3.8	4.2	30.7

【**利用价值**】该资源已有 10 年以上的种植历史，蒜苗或蒜成熟的鳞茎可用作煮菜的调味品，可做抗病育种材料。

5.仁东香蒜

【学名】Liliaceae（百合科）*Allium*（葱属）*Allium sativum*（蒜）。

【采集地】广西玉林市玉州区仁东镇。

【主要特征特性】该资源蒜皮紫白色，口感辛辣，香味浓郁，颗粒饱满，生长势强，耐热性较强，产量高且中抗叶枯病。

名称	株型	株高 /cm	株幅 /cm	叶长 /cm	叶宽 /cm	鳞茎高 /cm	鳞茎直径 /cm	鳞茎重 /g
仁东香蒜	直立	55.0	14.5	33.3	2.2	3.6	4.0	42.3

【利用价值】该资源为玉林市玉州区仁东镇和仁厚镇一带有地方特色的蒜品种，有1000多年的种植历史，现直接应用于生产，用作调味品或制成腌蒜，可做高品质和抗病育种材料。

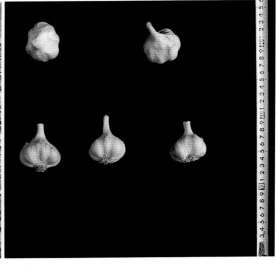

6. 六头草蒜

【学名】Liliaceae（百合科）*Allium*（葱属）*Allium sativum*（蒜）。

【采集地】广西崇左市扶绥县东门镇六头村。

【主要特征特性】该资源口感较辛辣，香味浓郁，颗粒饱满，生长势较强，产量较高。

名称	株型	株高 /cm	株幅 /cm	叶长 /cm	叶宽 /cm	鳞茎高 /cm	鳞茎直径 /cm	鳞茎重 /g
六头草蒜	直立	60.0	35.0	44.3	1.8	4.1	4.5	35.0

【利用价值】该资源已有 15 年以上的种植历史，蒜苗或蒜成熟的鳞茎可菜用，可做丰产育种材料。

第六节　韭菜优异资源

1. 灌阳大叶韭菜

【学名】Liliaceae（百合科）*Allium*（葱属）*Allium hookeri*（宽叶韭）。

【采集地】广西桂林市灌阳县西山瑶族乡北江村。

【主要特征特性】该资源喜冷凉湿润，不耐热，叶片宽大、肥厚，肉质根可食。营养繁殖，但繁殖系数低，可观察到开花现象，引种至低海拔地区种植后不同季节其叶片大小差异大。

【利用价值】该韭菜类型是广西特色的韭菜资源，当地又称大叶韭、野韭菜，已种植 20 年以上，可直接栽培或用于韭菜的新品种选育。

名称	叶形	叶身长 /cm	叶身宽 /cm	假茎长 /cm	假茎粗 /cm	假茎色	花薹长 /cm	花薹粗 /cm	株高 /cm	株幅 /cm
灌阳大叶韭菜	长宽条	30.0	0.7	9.5	0.6	白绿色	29.0	0.4	40.0	9.0

2. 三江大叶韭菜

【**学名**】Liliaceae（百合科）*Allium*（葱属）*Allium hookeri*（宽叶韭）。

【**采集地**】广西柳州市三江侗族自治县林溪镇茶溪村。

【**主要特征特性**】此类型韭菜喜冷凉湿润，极不耐热，营养繁殖，繁殖系数低，未见抽薹开花。该韭菜资源是本次资源普查收集到的叶片最宽大、肥厚的地方品种，在采集地冬春季叶片长度可达40～50cm。在南宁市冬春季生长旺盛；夏季叶片变短、变细、变薄，耐热性差，死亡率超过60%。

名称	叶形	叶身长 /cm	叶身宽 /cm	假茎长 /cm	假茎粗 /cm	假茎色	株高 /cm	株幅 /cm
三江大叶韭菜	长宽条	31.0	1.5	4.5	1.1	白绿色	36.0	16.0

【**利用价值**】该资源是本地特色的韭菜资源，当地又称大叶韭、野韭菜，种植历史悠久，三江侗族自治县"高友韭菜节"使用的韭菜品种即是此类型。该资源可直接栽培或用于韭菜的新品种选育。

3. 大明山大叶韭菜

【**学名**】Liliaceae（百合科）*Allium*（葱属）*Allium hookeri*（宽叶韭）。

【**采集地**】广西南宁市武鸣区两江镇大明山。

【**主要特征特性**】此类型韭菜喜冷凉湿润，不耐热，营养繁殖系数低，采集地可见抽薹开花，但是果实不能正常发育膨大，后期黄化脱落。该韭菜资源是大叶韭菜类型中耐热性相对稍强的地方品种，引种至低海拔地区种植后不同季节叶片大小差异较大。

名称	叶形	叶身长 /cm	叶身宽 /cm	假茎长 /cm	假茎粗 /cm	假茎色	株高 /cm	株幅 /cm
大明山大叶韭菜	短宽条	23.0	0.8	4.0	0.5	白绿色	28.0	11.0

【**利用价值**】该韭菜资源属大叶韭菜类型，可直接栽培或用于韭菜的新品种选育。

4. 资源大叶韭菜

【学名】Liliaceae（百合科）*Allium*（葱属）*Allium hookeri*（宽叶韭）。

【采集地】广西桂林市资源县梅溪乡铜座村老屋坪屯。

【主要特征特性】该韭菜资源喜冷凉湿润，不耐热，营养繁殖系数低，未见抽薹开花。引种至低海拔地区种植后不同季节叶片大小差异大。

名称	叶形	叶身长 /cm	叶身宽 /cm	假茎长 /cm	假茎粗 /cm	假茎色	株高 /cm	株幅 /cm
资源大叶韭菜	长宽条	27.0	1.2	3.0	0.9	白绿色	29.5	11.0

【利用价值】该韭菜资源叶片宽大、肥厚，品质佳，可直接栽培利用或用于韭菜的新品种选育。

5. 宁明韭菜

【学名】Liliaceae（百合科）*Allium*（葱属）*Allium tuberosum*（韭）。

【采集地】广西崇左市宁明县海渊镇北岩村。

【主要特征特性】该韭菜资源生长旺盛，综合性状好，营养繁殖系数高，少见抽薹开花。喜冷凉湿润，不耐热，有性繁殖系数低。引种至低海拔地区种植后不同季节叶片大小差异大。

名称	叶形	叶身长 /cm	叶身宽 /cm	假茎长 /cm	假茎粗 /cm	假茎色	株高 /cm	株幅 /cm
宁明韭菜	长窄条	28.0	0.5	6.1	0.7	白色	34.0	6.0

【利用价值】该韭菜资源在采集地分布广泛，又称扁菜，是当地壮族居民喜爱食用的地方品种，可直接栽培利用或用于叶用韭菜的品种选育。

6. 上思韭菜

【学名】Liliaceae（百合科）*Allium*（葱属）*Allium tuberosum*（韭）。

【采集地】广西防城港市上思县思阳镇明江社区。

【主要特征特性】该韭菜资源生长旺盛，产量高，综合抗性强，营养繁殖、有性繁殖均可。

名称	叶形	叶身长 /cm	叶身宽 /cm	假茎长 /cm	假茎粗 /cm	假茎色	花薹长 /cm	花薹粗 /cm	株高 /cm	株幅 /cm
上思韭菜	长宽条	29.0	0.6	4.7	0.5	绿白色	58.0	0.4	33.0	13.0

【利用价值】该资源在当地具有 100 年以上种植历史，可直接栽培利用或用于叶用韭菜的品种选育。

7. 荔浦韭菜

【学名】Liliaceae（百合科）*Allium*（葱属）*Allium tuberosum*（韭）。

【采集地】广西桂林市荔浦市蒲芦瑶族乡黎村村。

【主要特征特性】该韭菜资源长势旺盛，综合抗病性较强，引种至低海拔地区种植后营养繁殖系数较高，少见抽薹开花。

名称	叶形	叶身长 /cm	叶身宽 /cm	假茎长 /cm	假茎粗 /cm	假茎色	株高 /cm	株幅 /cm
荔浦韭菜	短窄条	18.0	0.5	3.3	0.6	绿白色	28.0	9.0

【利用价值】该资源在当地具有 20 年以上种植历史，可直接栽培利用或用于叶用韭菜的品种选育。

8. 柳城韭菜

【学名】Liliaceae（百合科）*Allium*（葱属）*Allium tuberosum*（韭）。

【采集地】广西柳州市柳城县太平镇上油村。

【主要特征特性】该韭菜资源耐寒性强，综合抗病性强，辛辣味浓郁，引种至低海拔地区种植后营养繁殖系数较高，未见抽薹开花。

名称	叶形	叶身长 /cm	叶身宽 /cm	假茎长 /cm	假茎粗 /cm	假茎色	株高 /cm	株幅 /cm
柳城韭菜	长窄条	35.0	0.3	6.1	0.5	白色	40.0	4.5

【利用价值】可直接栽培利用或用于叶用韭菜的品种选育。

9. 都安韭菜

【**学名**】Liliaceae（百合科）*Allium*（葱属）*Allium tuberosum*（韭）。

【**采集地**】广西河池市都安瑶族自治县隆福乡隆福村。

【**主要特征特性**】在采集地有 30 年以上种植历史，是当地瑶族居民喜爱食用的地
方品种。引种至低海拔地区种植后营养繁殖系数中等，少见抽薹开花。

名称	叶形	叶身长 /cm	叶身宽 /cm	假茎长 /cm	假茎粗 /cm	假茎色	株高 /cm	株幅 /cm
都安韭菜	长窄条	23.0	0.4	6.5	0.5	白色	31.0	13.0

【**利用价值**】该韭菜资源耐寒性强，综合抗病性强，辛辣味浓郁，可直接栽培利用
或用于抗寒叶用韭菜的品种选育。

10. 蒙山韭菜

【学名】Liliaceae（百合科）*Allium*（葱属）*Allium tuberosum*（韭）。

【采集地】广西梧州市蒙山县蒙山镇回龙村。

【主要特征特性】在采集地有30年种植历史。引种至低海拔地区种植后营养繁殖系数中等，少见抽薹开花。

名称	叶形	叶身长 /cm	叶身宽 /cm	假茎长 /cm	假茎粗 /cm	假茎色	株高 /cm	株幅 /cm
蒙山韭菜	长窄条	19.0	0.2	6.0	0.2	红色	21.0	9.0

【利用价值】该韭菜资源耐寒性强，抗病性强，辛辣味浓郁，可直接栽培利用或用于抗寒叶用韭菜的品种选育。

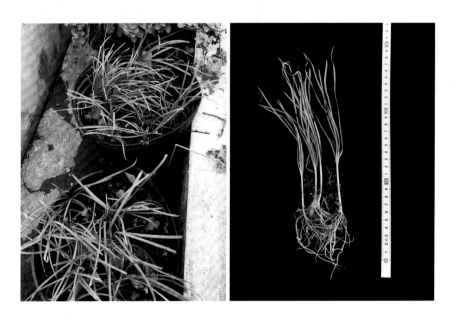

11. 凌云韭菜

【学名】Liliaceae（百合科）*Allium*（葱属）*Allium tuberosum*（韭）。

【采集地】广西百色市凌云县伶站瑶族乡平兰村。

【主要特征特性】在采集地有20多年种植历史。营养繁殖和有性繁殖均可，营养繁殖系数最高。

名称	叶形	叶身长 /cm	叶身宽 /cm	假茎长 /cm	假茎粗 /cm	假茎色	花薹长 /cm	花薹粗 /cm	株高 /cm	株幅 /cm
凌云韭菜	长窄条	29.0	0.4	4.5	0.4	白色	50.0	0.3	35.0	4.5

【利用价值】该韭菜资源生长旺盛，抽薹率极高，韭薹产量高，辛辣味浓郁，综合抗性强，可直接栽培利用或用于叶用、薹用韭菜品种的选育。

12. 西林韭菜

【学名】Liliaceae（百合科）*Allium*（葱属）*Allium tuberosum*（韭）。

【采集地】广西百色市西林县足别瑶族苗族乡足别村。

【主要特征特性】该资源在采集地具有 80 多年种植历史，是当地瑶族居民喜爱食用的地方品种。营养繁殖和有性繁殖均可，抽薹率高。

名称	叶形	叶身长 /cm	叶身宽 /cm	假茎长 /cm	假茎粗 /cm	假茎色	花薹长 /cm	花薹粗 /cm	株高 /cm	株幅 /cm
西林韭菜	长窄条	26.0	0.4	6.5	0.3	白色	60.0	0.3	31.0	5.0

【利用价值】该韭菜资源生长旺盛，综合抗性强，在收集的韭菜资源中韭薹产量和结实率均最高，可直接栽培利用或用于叶用、薹用、花用韭菜杂交品种的选育。

13. 灵川韭菜

【学名】Liliaceae（百合科）*Allium*（葱属）*Allium tuberosum*（韭）。

【采集地】广西桂林市灵川县三街镇潞江村。

【主要特征特性】在采集地有 30 年种植历史，营养繁殖系数和有性繁殖系数中等。

名称	叶形	叶身长 /cm	叶身宽 /cm	假茎长 /cm	假茎粗 /cm	假茎色	花薹长 /cm	花薹粗 /cm	株高 /cm	株幅 /cm
灵川韭菜	短窄条	22.0	0.4	7.0	0.5	白色	63.0	0.4	28.0	8.0

【利用价值】该韭菜资源冬季生长旺盛，产量高，品质好，可直接栽培利用或用于韭菜品种的选育。

14. 隆林韭菜

【学名】Liliaceae（百合科）*Allium*（葱属）*Allium tuberosum*（韭）。

【采集地】广西百色市隆林各族自治县岩茶乡冷独村。

【主要特征特性】在采集地有 30 年种植历史，营养繁殖系数和有性繁殖系数较高。

名称	叶形	叶身长 /cm	叶身宽 /cm	假茎长 /cm	假茎粗 /cm	假茎色	花薹长 /cm	花薹粗 /cm	株高 /cm	株幅 /cm
隆林韭菜	短宽条	24.0	0.6	6.0	0.5	白绿色	65.0	0.4	33.0	5.0

【利用价值】该韭菜资源生长旺盛，根系发达，综合抗性强，可直接栽培利用或用于韭菜品种的选育。

15. 龙胜韭菜

【**学名**】Liliaceae（百合科）*Allium*（葱属）*Allium tuberosum*（韭）。

【**采集地**】广西桂林市龙胜各族自治县龙脊镇马海村。

【**主要特征特性**】在采集地有 50 年种植历史，营养繁殖和有性繁殖均可。

名称	叶形	叶身长 /cm	叶身宽 /cm	假茎长 /cm	假茎粗 /cm	假茎色	花薹长 /cm	花薹粗 /cm	株高 /cm	株幅 /cm
龙胜韭菜	长宽条	26.0	0.4	8.5	0.4	白绿色	46.0	0.3	40.0	5.0

【**利用价值**】该韭菜资源生长旺盛，根系发达，综合抗性强，可直接栽培利用或用于韭菜品种的选育。

第七章
广西根菜类蔬菜

第一节 概 述

广西种植的根菜类蔬菜主要有萝卜、胡萝卜和根用芥菜（大头菜）等，其中著名的地方品种有灌阳雪萝卜、横县大头菜、寨沙头菜、英家大头菜等。

一、根菜类蔬菜种质资源调查收集和分布

2015~2018 年，在项目实施期间共收集根菜类蔬菜种质资源 9 份，均为地方栽培品种，其中萝卜 3 份、根用芥菜 6 份。收集的根菜类蔬菜种质资源来自 5 个地级市 6 个县，其中桂林市 2 份、贺州市 2 份、柳州市 2 份、南宁市 2 份、梧州市 1 份（表 7-1）。收集的萝卜地方品种较少，原因可能是萝卜商品种的产量更高和抗性更强，使得种植户放弃种植原来的老品种；而收集的大头菜是广西传统种植的特色地方品种，因多采用自留种繁殖，从而得以保存下来。

表 7-1 收集的根菜类蔬菜种质资源在广西的分布情况

地级市	县	萝卜 / 份	根用芥菜 / 份
桂林市	灌阳县、全州县	2	0
贺州市	钟山县	0	2
柳州市	鹿寨县	0	2
南宁市	横县	0	2
梧州市	藤县	1	0
合计		3	6

二、根菜类蔬菜种质资源优异特性

在收集获得的 9 份根菜类蔬菜种质资源中，当地农户认为具有优异性状的种质资源有 4 份。其中，具有高产特性的资源有 3 份，具有优异品质特性的资源有 4 份，具有耐寒特性的资源有 1 份。

第二节　萝卜优异资源

1. 灌阳雪萝卜

【学名】Brassicaceae（十字花科）*Raphanus*（萝卜属）*Raphanus sativus* var. *longipinnatus*（长羽裂萝卜）。

【采集地】广西桂林市灌阳县西山瑶族乡鹰嘴村。

【主要特征特性】该资源颜色鲜艳，肉质根形状规整，甜脆可口。

名称	株高 /cm	株幅 /cm	叶型	叶色	肉质根长 /cm	肉质根根形	肉质根基部形状	肉质根肉色	单根重 /g	熟性
灌阳雪萝卜	34.0	33.0	花叶	绿色	15.3	矮圆台形	钝圆形	紫色	436.7	中熟

【利用价值】该资源主要用于食用或制作雕刻品，可生吃、熟吃或腌制。可直接进行推广栽培，或作为亲本用于加工型萝卜杂交品种的选育。

第三节　根用芥菜优异资源

1. 寨沙头菜

【学名】Brassicaceae（十字花科）*Brassica*（芸薹属）*Brassica juncea* var. *napiformis*（根芥菜）。

【采集地】广西柳州市鹿寨县寨沙镇寨沙村。

【主要特征特性】该资源肉质根短圆锥形，肉质香脆，耐寒性强。

名称	株高/cm	株型	株幅/cm	叶形	叶缘齿状	叶面	叶色	叶列回数	肉质根形状	根肩疤痕	单株重/g	熟性
寨沙头菜	43.0	半直立	51.0	长椭圆形	深锯齿状	平滑	深绿色	一回	短圆锥形	小	1117.5	中熟

【利用价值】现直接应用于生产，在当地农户家已有 15 年种植历史，主要用于炒菜、炖菜、煲汤、拌馅等，具有开胃、增食欲、助消化、促排泄的功效。可作为亲本用于根用芥菜优良品种的选育。

2. 横县大头菜

【学名】Brassicaceae（十字花科）*Brassica*（芸薹属）*Brassica juncea* var. *napiformis*（根芥菜）。

【采集地】广西南宁市横县。

【主要特征特性】横县大头菜有 300 多年种植历史，早在清代乾隆年间便已驰名中外，具有色泽金黄、香气浓郁、质地松脆等特点，肉质根长圆柱形，肉质香脆，耐寒性强，产量高，耐储藏。

名称	株高 /cm	株型	株幅 /cm	叶形	叶缘齿状	叶面	叶色	叶列回数	肉质根形状	根肩疤痕	单株重 /g	熟性
横县大头菜	63.0	半直立	67.0	长椭圆形	深锯齿	平滑	深绿色	一回	长圆柱形	大	2825.0	晚熟

【利用价值】现直接应用于生产，主要用于炒菜、炖菜、煲汤、拌馅等，具有开口胃、增食欲、助消化、促排泄的功效。可作为亲本用于根用芥菜优良品种的选育。

第八章
广西水生蔬菜

第一节　概　　述

广西主栽的水生蔬菜种类有荸荠、芋类、莲藕和慈姑等。其中，荸荠、莲藕由于新品种的大面积推广种植，传统农家品种种植面积急剧减少。荸荠所收集的资源较少，著名的地方品种有桂林马蹄、芳林马蹄等。莲藕与荸荠相似，生产上种植的主要是选育品种，农家品种已经很难找到，只有在一些湖泊、废弃的池塘等地还可以收集到少量野生或地方品种。芋类资源相对丰富，本次调查收集有魁芋、多子芋、多头芋、野生芋等多种类型，著名的地方品种有荔浦芋、贺州香芋、天等红芽芋等。慈姑种植区域主要在桂林市、柳州市等地。

一、水生蔬菜种质资源调查收集和分布

2015～2018 年，在项目实施期间共收集水生蔬菜种质资源 72 份。其中，芋类资源 60 份，包括魁芋、多子芋、多头芋和野生芋等，占水生蔬菜资源的 83.33%；其他水生蔬菜资源包括荸荠资源 4 份，莲藕资源 2 份，慈姑资源 4 份，水芹资源 2 份。

收集的水生蔬菜种质资源来自广西 11 个地级市的 25 个县（市、区），在桂林市收集获得的水生蔬菜种质资源最多，共 32 份；其次是百色市和崇左市，分别收集到 17 份和 7 份；防城港市、钦州市和河池市各收集到 1 份。桂林市是广西水生蔬菜主要产区之一，著名的地方品种荔浦芋有 340 多年的种植历史，素有"芋中之王"的美称。桂林市许多地方的农户有种植水生蔬菜的习惯，我们在桂林市的 9 个县（市）收集到了水生蔬菜资源，种质资源类型较为丰富（表 8-1）。

表 8-1　收集的水生蔬菜种质资源在广西的分布情况

地级市	县（市、区）	芋类/份	荸荠/份	莲藕/份	慈姑/份	水芹/份
百色市	西林县、隆林各族自治县、那坡县、凌云县	16	0	0	1	0
崇左市	宁明县、扶绥县	7	0	0	0	0
防城港市	上思县	0	0	0	0	1
贵港市	覃塘区	0	0	2	0	0
桂林市	荔浦市、灌阳县、平乐县、恭城瑶族自治县、灵川县、资源县、兴安县、龙胜各族自治县、永福县	27	2	0	2	1
河池市	大化瑶族自治县	1	0	0	0	0

续表

地级市	县（市、区）	芋类/份	荸荠/份	莲藕/份	慈姑/份	水芹/份
贺州市	平桂区、钟山县	3	1	0	0	0
来宾市	象州县	1	0	0	0	0
柳州市	柳江区、三江侗族自治县	1	1	0	1	0
钦州市	灵山县	1	0	0	0	0
梧州市	蒙山县	3	0	0	0	0
合计		60	4	2	4	2

二、水生蔬菜种质资源收集类型

　　收集的水生蔬菜资源种类有芋类、荸荠、莲藕、慈姑和水芹，其中以芋类种质资源最为丰富。在已鉴定的 60 份芋类资源中，鉴定为芋属的有 2 个种，分别为芋种、大野芋种；其中芋种资源 56 份，占芋类资源的 93.33%；大野芋种 4 份，占芋类资源的 6.67%。芋种中根据球茎类型分为多子芋、魁芋和狗爪芋，其中多子芋又以芽色分为红芽多子芋和白芽多子芋。在鉴定的芋种资源中，红芽多子芋 21 份，白芽多子芋 19 份，魁芋 8 份，狗爪芋 2 份，野生资源 6 份。大野芋种资源为 4 份，该类资源植株高大，叶柄淡绿色，具白粉，球茎不发达，均为抗疫病育种材料。收集的其他水生蔬菜种质资源共 15 份，其中，荸荠资源 4 份，包括 1 份野生资源和 3 份地方品种；莲藕资源 4 份，均为藕莲类型；慈姑资源 5 份，包括 1 份野生资源和 4 份地方品种；水芹资源 2 份。

三、水生蔬菜种质资源优异特性

　　经过农艺性状鉴定，发现优异资源 31 份，其中芋类 20 份、荸荠 4 份、慈姑 4 份、莲藕 2 份、水芹 1 份。优异性状主要表现在抗病、高产、高品质等方面。

第二节　芋类优异资源

1. 桂芋 2 号

【学名】Araceae（天南星科）*Colocasia*（芋属）*Colocasia esculenta*（芋）。

【采集地】广西桂林市荔浦市。

【主要特征特性】该资源口感粉糯适宜，绵软细腻，香味浓郁，品质优，产量高。

名称	株高/cm	叶形	叶面颜色	叶片长/cm	叶片宽/cm	母芋形状	母芋纵径/cm	母芋横径/cm	母芋质量/g	子芋形状	子芋纵径/cm	子芋横径/cm	子芋质量/g	单株球茎质量/g
桂芋2号	153.2	卵形	绿色	56.5	42.4	椭圆形	32.2	10.2	1486	棒槌状	14.4	5.2	58.2	1703

【利用价值】目前直接应用于生产，经检测其淀粉含量高达 32.5%，可用作高淀粉品种选育的亲本。

2. 荔浦芋

【学名】Araceae（天南星科）*Colocasia*（芋属）*Colocasia esculenta*（芋）。

【采集地】广西桂林市荔浦市。

【主要特征特性】该资源品质好，口感细腻，香味浓郁。

名称	株高/cm	叶形	叶面颜色	叶片长/cm	叶片宽/cm	母芋形状	母芋纵径/cm	母芋横径/cm	母芋质量/g	子芋形状	子芋纵径/cm	子芋横径/cm	子芋质量/g	单株球茎质量/g
荔浦芋	150.0	卵形	绿色	54.6	39.3	椭圆形	30.2	10.1	1358	椭圆形	12.1	6.4	63.5	1565

【利用价值】该资源在荔浦市有 300 多年的种植历史，常用于制作香芋扣肉，其淀粉含量为 26.2%，可用作高淀粉品种选育的亲本。

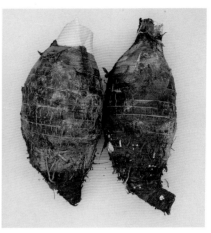

3.桂子芋 1 号

【**学名**】Araceae（天南星科）*Colocasia*（芋属）*Colocasia esculenta*（芋）。

【**采集地**】广西贺州市八步区。

【**主要特征特性**】该资源为多子芋类型，主要食用子孙芋部分，芽红色，肉质白色，口感细腻柔和，粉糯可口，香味浓郁。

名称	株高 /cm	叶形	叶面颜色	叶片长 /cm	叶片宽 /cm	母芋形状	母芋纵径 /cm	母芋横径 /cm	母芋质量 /g	子芋形状	子芋纵径 /cm	子芋横径 /cm	子芋质量 /g	单株球茎质量 /g
桂子芋 1 号	135.0	心形	深绿色	55.8	50.3	椭圆形	16.5	10.8	603	卵圆形	53.1	40.2	48.5	1303

【**利用价值**】目前直接应用于生产，品质优，淀粉含量为 19.4%，可用作高淀粉品种选育的亲本。

4. 灵川白芋苗

【学名】Araceae（天南星科）*Colocasia*（芋属）*Colocasia gigantea*（大野芋）。

【采集地】广西桂林市灵川县。

【主要特征特性】该资源植株高大，生长旺盛，叶柄淡绿色，在田间种植表现对芋疫病免疫。

名称	株高 /cm	叶形	叶面颜色	叶片长 /cm	叶片宽 /cm
灵川白芋苗	156.0	卵状心形	绿色	83.5	64.0

【利用价值】农户利用其叶柄腌制芋檬，可用作抗疫病育种的亲本。

5. 隆林拐枣芋

【学名】Araceae（天南星科）*Colocasia*（芋属）*Colocasia esculenta*（芋）。

【采集地】广西百色市隆林各族自治县。

【主要特征特性】该资源为传统地方品种，食用球茎，植株生长旺盛，球茎耐储藏。

名称	株高 /cm	叶形	叶面颜色	叶片长 /cm	叶片宽 /cm	母芋形状	母芋纵径 /cm	母芋横径 /cm	母芋质量 /g	单株球茎质量 /g
隆林拐枣芋	110.0	椭圆形	绿色	38.0	25.4	平且多头	15.5	8.1	956	956

【利用价值】该资源球茎淀粉含量为 14.6%，可直接应用于生产。

6. 荔浦红苗芋

【学名】Araceae（天南星科）*Colocasia*（芋属）*Colocasia esculenta*（芋）。

【采集地】广西桂林市荔浦市蒲芦瑶族乡黎村村。

【主要特征特性】该资源为野生资源，叶柄紫红色，植株生长旺盛，可正常开花。

名称	株高/cm	叶形	叶面颜色	叶片长/cm	叶片宽/cm	母芋形状	母芋纵径/cm	母芋横径/cm	母芋质量/g	子芋形状	子芋纵径/cm	子芋横径/cm	子芋质量/g	单株球茎质量/g
荔浦红苗芋	104.0	卵状箭形	深绿	55.0	38.7	圆柱形	11.8	8.5	410	倒卵形	8.6	8.0	44	875

【利用价值】该资源的开花特性可用于杂交育种。

7. 龙胜红芽芋

【**学名**】Araceae（天南星科）*Colocasia*（芋属）*Colocasia esculenta*（芋）。

【**采集地**】广西桂林市龙胜各族自治县三门镇大罗村。

【**主要特征特性**】为多子芋类型，以食用子孙芋为主，芽红色，口感粉糯适宜。

名称	株高 /cm	叶形	叶面颜色	叶片长 /cm	叶片宽 /cm	母芋形状	母芋纵径 /cm	母芋横径 /cm	母芋质量 /g	子芋形状	子芋纵径 /cm	子芋横径 /cm	子芋质量 /g	单株球茎质量 /g
龙胜红芽芋	146.0	心形	深绿色	55.0	42.3	椭圆形	18.5	11.8	1351	卵圆形	8.1	5.7	95	3950

【**利用价值**】目前直接应用于生产，在当地有 50 年种植历史，单株子孙芋产量高，达 2599g，品质优，可用作高产量多子芋育种的亲本。

8. 西林多子芋

【学名】Araceae（天南星科）*Colocasia*（芋属）*Colocasia esculenta*（芋）。

【采集地】广西百色市西林县。

【主要特征特性】该资源属于多子芋类型，产量高，芽白色，口感滑嫩。

名称	株高/cm	叶形	叶面颜色	叶片长/cm	叶片宽/cm	母芋形状	母芋纵径/cm	母芋横径/cm	母芋质量/g	子芋形状	子芋纵径/cm	子芋横径/cm	子芋质量/g	单株球茎质量/g
西林多子芋	107.0	心形	绿色	60.0	45.5	圆球形	10.0	9.5	496	倒圆锥形	7.0	6.1	72.5	2819

【利用价值】该资源单株子孙芋产量达 2323g，可用作高产多子芋育种的亲本。

9. 蒙山叶用芋

【学名】Araceae（天南星科）*Colocasia*（芋属）*Colocasia esculenta*（芋）。

【采集地】广西梧州市蒙山县。

【主要特征特性】该资源为叶用芋类型，食用叶柄，分株多，生长旺盛。

名称	株高/cm	叶形	叶面颜色	叶片长/cm	叶片宽/cm	母芋形状	母芋纵径/cm	母芋横径/cm	母芋质量/g	子芋形状	子芋纵径/cm	子芋横径/cm	子芋质量/g	单株球茎质量/g
蒙山叶用芋	110.0	箭形	绿色	44.2	39.3	椭圆形	17.0	10.8	1004	椭圆形	8.0	6.5	126	3012

【利用价值】目前直接应用于生产，农户利用叶柄腌制芋檬。

10.宁明红芽芋

【学名】Araceae（天南星科）*Colocasia*（芋属）*Colocasia esculenta*（芋）。

【采集地】广西崇左市宁明县。

【主要特征特性】该资源为多子芋类型，以食用子孙芋为主，产量较高，商品性好，口感粉糯适宜。

名称	株高/cm	叶形	叶面颜色	叶片长/cm	叶片宽/cm	母芋形状	母芋纵径/cm	母芋横径/cm	母芋质量/g	子芋形状	子芋纵径/cm	子芋横径/cm	子芋质量/g	单株球茎质量/g
宁明红芽芋	123.0	心形	深绿色	47.0	36.0	圆球形	13.0	9.6	475	圆球形	5.5	5.2	84	1820

【利用价值】该资源商品性好，单株子孙芋产量达1345g，可用作高产品种选育的亲本。

11. 龙胜香芋

【**学名**】Araceae（天南星科）*Colocasia*（芋属）*Colocasia esculenta*（芋）。

【**采集地**】广西桂林市龙胜各族自治县江底乡建新村。

【**主要特征特性**】该资源产量高，商品性好，品质佳，香味浓郁，口感粉糯适宜。

名称	株高/cm	叶形	叶面颜色	叶片长/cm	叶片宽/cm	母芋形状	母芋纵径/cm	母芋横径/cm	母芋质量/g	子芋形状	子芋纵径/cm	子芋横径/cm	子芋质量/g	单株球茎质量/g
龙胜香芋	138.0	卵形	绿色	56.5	43.7	椭圆形	21.5	11.8	1553	棒槌状	10.7	4.7	96	3016

【**利用价值**】目前直接应用于生产，在当地有 40 年种植历史，经检测其淀粉含量为 23.6%，其中支链淀粉占干物质的 94.3%，可用作高品质品种选育的亲本。

12. 贺州香芋

【学名】Araceae（天南星科）*Colocasia*（芋属）*Colocasia esculenta*（芋）。

【采集地】广西贺州市平桂区。

【主要特征特性】该资源为魁芋类型，品质好，具有粉、香、糯等特点。

名称	株高/cm	叶形	叶面颜色	叶片长/cm	叶片宽/cm	母芋形状	母芋纵径/cm	母芋横径/cm	母芋质量/g	子芋形状	子芋纵径/cm	子芋横径/cm	子芋质量/g	单株球茎质量/g
贺州香芋	150.0	卵形	绿色	52.3	40.5	椭圆形	16.3	12.5	1621	棒槌状	9.5	4.1	88	2513

【利用价值】现直接应用于生产，淀粉含量为 26.8%，是家常菜黄田扣肉的原料，可用作高品质、高淀粉品种选育的亲本。

13. 蒙山开芋

【**学名**】Araceae（天南星科）*Colocasia*（芋属）*Colocasia gigantea*（大野芋）。

【**采集地**】广西梧州市蒙山县。

【**主要特征特性**】该资源为叶用芋品种，植株生长旺盛，田间种植表现对芋疫病免疫。

名称	株高 /cm	叶形	叶面颜色	叶片长 /cm	叶片宽 /cm
蒙山开芋	163.0	卵状心形	绿色	87.6	65.0

【**利用价值**】直接应用于生产，农户利用叶柄腌制芋檬，可用作抗疫病品种选育的亲本。

14. 凌云红芽芋

【学名】Araceae（天南星科）*Colocasia*（芋属）*Colocasia esculenta*（芋）。

【采集地】广西百色市凌云县。

【主要特征特性】该资源为多子芋类型，产量高，商品性好，口感粉糯。

名称	株高/cm	叶形	叶面颜色	叶片长/cm	叶片宽/cm	母芋形状	母芋纵径/cm	母芋横径/cm	母芋质量/g	子芋形状	子芋纵径/cm	子芋横径/cm	子芋质量/g	单株球茎质量/g
凌云红芽芋	145.0	心形	深绿色	58.5	48.2	椭圆形	16.0	11.2	1098	椭圆形	8.0	6.2	127	2801

【利用价值】该资源单株子孙芋产量达 1703g，可用作高产品种选育的亲本。

15. 凌云多子芋

【**学名**】Araceae（天南星科）*Colocasia*（芋属）*Colocasia esculenta*（芋）。

【**采集地**】广西百色市凌云县。

【**主要特征特性**】该资源为多子芋类型，产量高，品质好，口感滑嫩，具黏液。

名称	株高/cm	叶形	叶面颜色	叶片长/cm	叶片宽/cm	母芋形状	母芋纵径/cm	母芋横径/cm	母芋质量/g	子芋形状	子芋纵径/cm	子芋横径/cm	子芋质量/g	单株球茎质量/g
凌云多子芋	136.0	卵形	绿色	60.0	48.1	圆球形	13.5	12.4	1192	扁球形	6.5	9.2	132	2585

【**利用价值**】该资源单株子孙芋产量达 1393g，可用作高产、高品质品种选育的亲本。

16. 恭城多子芋

【学名】Araceae（天南星科）*Colocasia*（芋属）*Colocasia esculenta*（芋）。

【采集地】广西桂林市恭城瑶族自治县三江乡大地村。

【主要特征特性】该资源为多子芋类型，产量高，芽白色，口感滑嫩。

名称	株高/cm	叶形	叶面颜色	叶片长/cm	叶片宽/cm	母芋形状	母芋纵径/cm	母芋横径/cm	母芋质量/g	子芋形状	子芋纵径/cm	子芋横径/cm	子芋质量/g	单株球茎质量/g
恭城多子芋	90.0	卵形	绿色	55.3	37.0	圆球形	15.5	12.7	1294	倒圆锥形	6.0	5.8	98	5515

【利用价值】可直接应用于生产，在当地有 70 年种植历史，该资源单株子孙芋产量达 4221g，可用作高产品种选育的亲本。

17. 资源野水芋

【**学名**】Araceae（天南星科）*Colocasia*（芋属）*Colocasia esculenta*（芋）。

【**采集地**】广西桂林市资源县瓜里乡水头村。

【**主要特征特性**】该资源为野生资源，可正常开花，抗病性较强。

名称	株高 /cm	叶形	叶面颜色	叶片长 /cm	叶片宽 /cm
资源野水芋	77.0	卵形	绿色	34.9	20.9

【**利用价值**】该资源的开花特性可用于杂交育种。

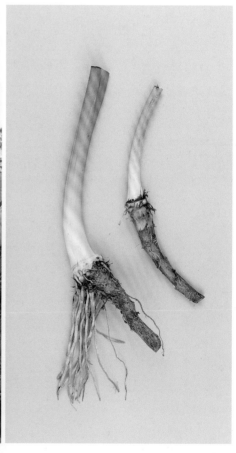

18. 蒙山黑苗芋

【学名】Araceae（天南星科）*Colocasia*（芋属）*Colocasia esculenta*（芋）。

【采集地】广西梧州市蒙山县。

【主要特征特性】该资源植株高大，生长旺盛。

名称	株高/cm	叶形	叶面颜色	叶片长/cm	叶片宽/cm	母芋形状	母芋纵径/cm	母芋横径/cm	母芋质量/g	子芋形状	子芋纵径/cm	子芋横径/cm	子芋质量/g	单株球茎质量/g
蒙山黑苗芋	130.0	卵形	深绿色	58.0	45.5	圆球形	13.0	11.6	1169	棒槌状	8.2	5.3	105	1349

【利用价值】可直接应用于生产。

19. 永福白芋苗

【学名】Araceae（天南星科）*Colocasia*（芋属）*Colocasia gigantea*（大野芋）。

【采集地】广西桂林市永福县。

【主要特征特性】该资源为叶用芋品种，植株生长旺盛，对芋疫病免疫。

名称	株高 /cm	叶形	叶面颜色	叶片长 /cm	叶片宽 /cm
永福白芋苗	160.0	卵状心形	绿色	85.4	62.0

【利用价值】目前直接应用于生产，种植户利用叶柄腌制芋檬，可用作抗疫病品种选育的亲本。

 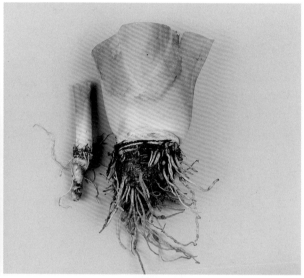

20. 象州水芋头

【学名】Araceae（天南星科）*Colocasia*（芋属）*Colocasia esculenta*（芋）。

【采集地】广西来宾市象州县。

【主要特征特性】该资源为叶用芋类型，食用叶柄。

名称	株高 /cm	叶形	叶面颜色	叶片长 /cm	叶片宽 /cm	母芋形状	母芋纵径 /cm	母芋横径 /cm	母芋质量 /g	子芋形状	子芋纵径 /cm	子芋横径 /cm	子芋质量 /g	单株球茎质量 /g
象州水芋头	120.0	卵形	绿色	56.0	43.1	椭圆形	17.0	10.8	1004	长卵形	8.0	6.5	126	3012

【利用价值】可直接应用于生产。

第三节 莲藕优异资源

1. 贵县白花藕

【学名】Nelumbonaceae（莲科）*Nelumbo*（莲属）*Nelumbo nucifera*（莲）。

【采集地】广西贵港市覃塘区。

【主要特征特性】该资源嫩藕甜脆，肉厚致密，煮食，粉而无渣，品质上等。

名称	株高 /cm	叶径 /cm	花色	整藕质量 /kg	主藕长 /cm	主藕质量 /kg	主藕节间数	主藕节间长 /cm	主藕节间形状	主藕表皮颜色
贵县白花藕	184.7	35.3	白色	2.3	128.6	1.8	5.0	22.7	长筒形	白色

【利用价值】直接应用于生产，该资源历史悠久，以产量多、质地优名满岭南，原有俗名"贵县大辘藕"，取其大如车轴之意。其根茎肥大粗长，甚者每枝长至五六尺（1尺＝1/3m），足可媲美太湖藕。该资源的莲藕品质好，淀粉含量为12.6%。可用作高品质育种的亲本。

2. 贵县红花藕

【**学名**】Nelumbonaceae（莲科）*Nelumbo*（莲属）*Nelumbo nucifera*（莲）。

【**采集地**】广西贵港市覃塘区。

【**主要特征特性**】该资源的莲藕外皮粗糙，品质好，糯而不脆嫩，粉而无渣，品质上等。

名称	株高/cm	叶径/cm	花色	整藕质量/kg	主藕长/cm	主藕质量/kg	主藕节间数	主藕节间长/cm	主藕节间粗/cm	主藕节间形状	主藕表皮颜色
贵县红花藕	130.9	31.3	红色	1.0	102.8	0.9	4.2	24.6	4.8	长筒形	黄白色

【**利用价值**】该资源的藕节粗大，生吃尤甜，熟食特别绵，是土特产中的一绝，自古以来饮誉港澳，与西湖藕粉齐名，在清代咸丰年间就被钦定为御膳贡品，如今为广西四大名吃之一。滚水新冲的藕粉，色带紫红，晶莹剔透，下口清甜滑嫩。四季可食，老幼咸宜。其药用价值包括消热解暑、宁心润肺、止渴生津。现在，当地人还喜欢设"全藕席"招待客人，老贵港人传颂该藕香飘十家。该资源的莲藕品质好，淀粉含量为14.7%，可用作高淀粉品种选育的亲本。

第四节　荸荠优异资源

1. 野生荸荠

【学名】Cyperaceae（莎草科）*Eleocharis*（荸荠属）*Eleocharis dulcis*（荸荠）。

【采集地】广西桂林市平乐县。

【主要特征特性】该资源淀粉含量高。

名称	株高 /cm	叶状茎粗 /cm	花序长 /cm	球茎形状	球茎脐部	球茎颜色	分蘖能力	球茎横径 /cm	球茎纵径 /cm	球茎侧芽大小	单个球茎质量 /g	生育期 / 天
野生荸荠	76.0	0.18	1.5	近圆形	平	棕色	强	1.0	0.6	中	3.0	130

【利用价值】该资源经检测淀粉含量为 15.5%，可用作高淀粉荸荠育种的亲本。

2. 桂林马蹄

【**学名**】Cyperaceae（莎草科）*Eleocharis*（荸荠属）*Eleocharis dulcis*（荸荠）。

【**采集地**】广西桂林市荔浦市。

【**主要特征特性**】该资源产量高，大果率高，耐储藏，鲜食加工兼用。

名称	株高/cm	叶状茎粗/cm	花序长/cm	球茎形状	球茎脐部	球茎颜色	分蘖能力	球茎横径/cm	球茎纵径/cm	球茎侧芽大小	单个球茎质量/g	生育期/天
桂林马蹄	103.0	0.5	4.6	扁球形	浅凹	深红色	强	5.4	2.9	大	26.0	140

【**利用价值**】现直接应用于生产，该资源每亩产量约为 2500kg，可用作高产荸荠育种的亲本。

3. 芳林马蹄

【学名】Cyperaceae（莎草科）*Eleocharis*（荸荠属）*Eleocharis dulcis*（荸荠）。

【采集地】广西贺州市平桂区。

【主要特征特性】该资源产量高，大果率高，球茎厚圆，脐部较平，耐储藏。

名称	株高 /cm	叶状茎粗 /cm	花序长 /cm	球茎形状	球茎脐部	球茎颜色	分蘖能力	球茎横径 /cm	球茎纵径 /cm	球茎侧芽大小	单个球茎质量 /g	生育期 / 天
芳林马蹄	105.0	0.5	4.8	近圆形	平	红棕色	强	5.5	2.9	大	26.0	140

【利用价值】现直接应用于生产，适合鲜食、加工。该资源产量高，品质优，每亩产量为 3000kg，可用作高产荸荠育种的亲本。

4. 珍珠马蹄

【学名】Cyperaceae（莎草科）*Eleocharis*（荸荠属）*Eleocharis dulcis*（荸荠）。

【采集地】广西柳州市鹿寨县。

【主要特征特性】该资源球茎淀粉含量高。

名称	株高 /cm	叶状茎粗 /cm	花序长 /cm	球茎形状	球茎脐部	球茎颜色	分蘖能力	球茎横径 /cm	球茎纵径 /cm	球茎侧芽大小	单个球茎质量 /g	生育期 / 天
珍珠马蹄	105.0	0.3	2.1	近圆形	平	红褐色	中	2.1.	1.3	中	8.0	130

【利用价值】可直接应用于生产。

第五节 慈姑优异资源

1. 源头慈姑

【学名】Alismataceae（泽泻科）*Sagittaria*（慈姑属）*Sagittaria trifolia* subsp. *leucopetala*（华夏慈姑）。

【采集地】广西桂林市平乐县源头镇。

【主要特征特性】该慈姑口感细腻，略带甜味，无涩味。

名称	株高/cm	叶片长/cm	叶片宽/cm	叶面颜色	叶形	根状茎长/cm	根状茎粗/cm	球茎形状	球茎皮色	球茎顶芽颜色	球茎横径/cm	球茎纵径/cm	单个球茎质量/g
源头慈姑	80.0	36.3	20.6	淡绿色	箭形	23.5	0.7	卵圆形	黄色	黄白色	3.6	5.1	25

【利用价值】可直接应用于生产。

2. 野生慈姑

【学名】Alismataceae（泽泻科）*Sagittaria*（慈姑属）*Sagittaria trifolia* subsp. *leucopetala*（华夏慈姑）。

【采集地】广西桂林市平乐县。

【主要特征特性】该资源对慈姑黑粉病表现抗性。

名称	株高/cm	叶片长/cm	叶片宽/cm	叶面颜色	叶形	根状茎长/cm	根状茎粗/cm	球茎形状	球茎皮色	球茎顶芽颜色	球茎横径/cm	球茎纵径/cm	单个球茎质量/g
野生慈姑	63.0	25.0	16.5	淡绿色	细箭形	15.6	0.2	卵圆形	白色	黄白色	1.1	2.0	4

【利用价值】可用作抗黑粉病育种的亲本。

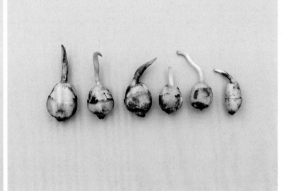

3. 那坡慈姑

【学名】Alismataceae（泽泻科）*Sagittaria*（慈姑属）*Sagittaria trifolia* subsp. *leucopetala*（华夏慈姑）。

【采集地】广西百色市那坡县。

【主要特征特性】该资源口感松软，略带涩味。

名称	株高/cm	叶片长/cm	叶片宽/cm	叶面颜色	叶形	根状茎长/cm	根状茎粗/cm	球茎形状	球茎皮色	球茎顶芽颜色	球茎横径/cm	球茎纵径/cm	单个球茎质量/g
那坡慈姑	82.1	21.5	16.2	淡绿色	宽箭形	17.6	0.5	圆球形	黄色	黄白色	4.2	4.0	43

【利用价值】可直接应用于生产。

4. 柳香慈姑

【**学名**】Alismataceae（泽泻科）*Sagittaria*（慈姑属）*Sagittaria trifolia* subsp. *leucopetala*（华夏慈姑）。

【**采集地**】广西柳州市柳江区。

【**主要特征特性**】该资源口感质地细、松、粉，无涩味。

名称	株高 /cm	叶片长 /cm	叶片宽 /cm	叶面颜色	叶形	根状茎长 /cm	根状茎粗 /cm	球茎形状	球茎皮色	球茎顶芽颜色	球茎横径 /cm	球茎纵径 /cm	单个球茎质量 /g
柳香慈姑	62.0	35.2	15.5	浓绿色	宽箭形	25.5	0.8	椭圆形	米白色	嫩黄色	4.2	4.4	46

【**利用价值**】直接应用于生产，该资源产量较高，品质优，淀粉含量为 17.4%，可用作高品质育种的亲本。

第六节　其他水生蔬菜优异资源

1. 上思水芹

【学名】Apiaceae（伞形科）*Oenanthe*（水芹属）*Oenanthe javanica*（水芹）。
【采集地】广西防城港市上思县思阳镇明江社区。
【主要特征特性】该资源香味浓郁，生长势较强。

名称	叶形	叶缘	叶长 /cm	叶宽 /cm	叶柄长 /cm	株型	花色	是否结实	株高 /cm	株幅 /cm
上思水芹	二回羽状复叶	圆锯齿	4.0	2.0	11.0	直立	白色	否	48.0	33.0

【利用价值】又称水芹菜、野芹菜，在当地种植历史超过 50 年，根茎无性繁殖。嫩茎、叶柄、叶片可食，炒食、凉拌、煮汤均可，可作为优异种质资源用于水芹品种的选育。

第九章
广西多年生及杂类蔬菜

第一节　概　　述

广西海拔较高的山区聚居有壮、瑶、苗、侗、毛南等众多少数民族群众，种植有多种适应当地气候的多年生蔬菜和杂类蔬菜，形成各具特色的传统饮食习惯。这些多年生蔬菜和杂类蔬菜有药食兼用的白花菜、一点红、枸杞等，用于炒螺、煮鱼去腥提味的紫苏、罗勒、薄荷等，用于煮肉炒菜增添香味的芫荽、小茴香、茴香菖蒲等。

一、多年生及杂类蔬菜种质资源调查收集和分布

2015～2018 年，共收集获得多年生及杂类蔬菜种质资源 57 份，涉及锦葵科、伞形科、茄科、姜科、天南星科、唇形科、豆科、菊科、三白草科、芸香科 10 科。其中，地方品种 36 份，以日常餐桌上常见的紫苏、芫荽和秋葵数量居多；野生资源 21 份，常见的白花菜、一点红等具有清热清火的功能，深受民众欢迎，不少地方已经开始人工驯化种植。

收集的多年生及杂类蔬菜种质资源来自 9 个地级市的 22 个县（市、区），其中在桂林市 7 个县收集的多年生及杂类蔬菜种质资源共 20 份，占 35.09%，种类多达 14 种（表 9-1）。

表 9-1　采集的多年生及杂类蔬菜种质资源在广西的分布情况

地级市	县（市、区）	作物	份数	地级市	县（市、区）	作物	份数
百色市	凌云县、西林县、平果市	芫荽	3	贺州市	富川瑶族自治县、钟山县	芫荽	1
		龙葵	1			秋葵	3
		小茴香	1			紫苏	1
		紫苏	2			罗勒	1
		花椒	1			枸杞	1
崇左市	凭祥市、宁明县	秋葵	1			豆薯	1
		芫荽	1			紫背天葵	1
		砂仁	1	来宾市	武宣县	龙葵	1
防城港市	上思县	刺芹	1	柳州市	鹿寨县、柳城县	菊芋	1
桂林市	灵川县、资源县、兴安县、阳朔县、龙胜各族自治县、全州县、永福县	芫荽	1			秋葵	1
		紫苏	3			紫苏	1
		秋葵	1			罗勒	1

地级市	县（市、区）	作物	份数	地级市	县（市、区）	作物	份数
桂林市	灵川县、资源县、兴安县、阳朔县、龙胜各族自治县、全州县、永福县	龙葵	1	南宁市	马山县、武鸣区	秋葵	1
		菊芋	2			刺芹	1
		蘘荷	1			黄花菜	1
		魔芋	1			一点红	1
		枸杞	1	梧州市	蒙山县、岑溪市	芫荽	2
		茴藿香	1			小茴香	2
		鱼腥草	1			龙葵	1
		豆薯	1			花椒	1
		菖蒲	3			菖蒲	1
		野茼蒿	2				
		独活	1				

二、多年生及杂类蔬菜种质资源优异特性

　　在收集获得的 57 份多年生及杂类蔬菜种质资源中，当地农户认为具有优异性状的种质资源有 14 份。其中，具有高产特性的资源有 1 份，具有优质特性的资源有 11 份，具有耐热特性的资源有 2 份，具有耐贫瘠特性的资源有 2 份，具有抗病特性的资源有 4 份。

第二节　芳香类蔬菜优异资源

1. 花贡芫荽

【学名】Apiaceae（伞形科）*Coriandrum*（芫荽属）*Coriandrum sativum*（芫荽）。

【采集地】广西西林县八达镇花贡村。

【主要特征特性】该芫荽香味浓郁，产量高，抗虫性较强，抗寒性强。

名称	株高 /cm	叶簇	叶型	叶长 /cm	叶宽 /cm	叶色	叶柄色
花贡芫荽	25.7	较直立	羽状深裂	21.7	3.1	浅绿色	紫绿色

【利用价值】目前直接应用于生产，在当地有 60 年种植历史。四季都可栽种，可做菜食用，常用于菜肴的提味。

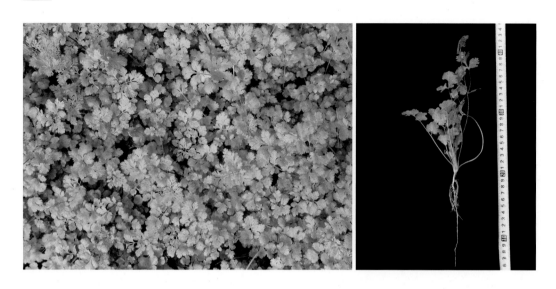

2. 岑溪芫荽

【**学名**】Apiaceae（伞形科）*Coriandrum*（芫荽属）*Coriandrum sativum*（芫荽）。

【**采集地**】广西岑溪市岑城镇探花村。

【**主要特征特性**】该芫荽耐热性强，味道香浓，产量高，是优良的耐热芫荽地方品种。

名称	株高 /cm	叶簇	叶型	叶长 /cm	叶宽 /cm	叶色	叶柄色
岑溪芫荽	26.7	较直立	羽状深裂	27.7	6.2	绿色	浅绿色

【**利用价值**】可做菜食用，常用于菜肴的提味，有很好的药用价值，可作为耐热芫荽品种选育材料。

3. 资源白苏

【学名】Lamiaceae（唇形科）*Perilla*（紫苏属）*Perilla frutescens*（紫苏）。

【采集地】广西桂林市资源县瓜里乡水头村。

【主要特征特性】该紫苏香味浓郁，植株生长旺盛，分枝多，再生能力强，抗病力强，产量较高，是优良的地方品种。

名称	叶形	正面叶色	背面叶色	嫩叶色	叶长 /cm	叶宽 /cm	花冠色	节间长 /cm	株高 /cm	株幅 /cm
资源白苏	长卵圆形	绿色	绿色	绿色	8.5	6.3	白色	8.0	175.0	76.0

【利用价值】在当地种植近 20 年，嫩叶可食，亦可入药。常用于和各种贝类、螺蛳等炒食、做汤，也是制作鱼生的常见配菜，可直接栽培利用或作为优良的资源用于品种选育。

4. 资源紫苏

【学名】Lamiaceae（唇形科）*Perilla*（紫苏属）*Perilla frutescens*（紫苏）。

【采集地】广西桂林市资源县瓜里乡水头村。

【主要特征特性】该紫苏叶片大，香味浓郁，植株生长旺盛，分枝多，产量较高，是优良的地方品种。

名称	叶形	正面叶色	背面叶色	嫩叶色	叶长 /cm	叶宽 /cm	花冠色	节间长 /cm	株高 /cm	株幅 /cm
资源紫苏	卵圆形	绿色	紫色	紫色	9.0	6.3	紫色	7.5	157.0	86.0

【利用价值】在当地种植近 20 年，嫩叶可食，亦可入药。常用于和各种贝类、螺蛳等炒食、做汤，也是制作鱼生的常见配菜，可直接栽培利用或作为优良的资源用于品种选育。

5. 上思刺芹

【学名】Apiaceae（伞形科）*Eryngium*（刺芹属）*Eryngium foetidum*（刺芹）。

【采集地】广西防城港市上思县叫安乡松柏村。

【主要特征特性】该资源生长旺盛，香味浓郁，是优异的特色芳香蔬菜种质资源。

名称	基生叶形	叶长 /cm	叶宽 /cm	叶缘	花序长 /cm	花序宽 /cm	花葶长 /cm	花葶粗 /cm	株高 /cm	株幅 /cm
上思刺芹	披针形	22.0	2.8	深锯齿状	1.0	0.5	36	0.5	15.0	13.0

【利用价值】当地农户零星种植，是具有地方特色的野生食用香料植物，主要取食嫩叶，食用方法类似芫荽，做汤、炒菜、焖肉、炖鱼的增香配菜，可直接栽培利用。

6. 茴香菖蒲

【学名】Araceae（天南星科）*Acorus*（菖蒲属）*Acorus gramineus*（金钱蒲）。

【采集地】广西桂林市资源县瓜里乡大坪头村。

【主要特征特性】茴香菖蒲生命力极强，有浓郁的茴香味。

名称	叶形	叶长 /cm	叶宽 /cm	根茎粗 /cm	株高 /cm	株幅 /cm
茴香菖蒲	线形	73.0	1.7	1.2	53.0	39.0

【利用价值】该资源别称随手香、石香婆、沙姜狗肉香等，是广西特色的野生食用香料植物，是许多肉类炒食搭配的珍贵香料，可直接栽培利用或人工驯化种植。

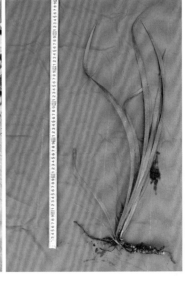

7. 岑溪小茴香

【**学名**】Apiaceae（伞形科）*Foeniculum*（茴香属）*Foeniculum vulgare*（茴香）。

【**采集地**】广西岑溪市岑城镇探花村。

【**主要特征特性**】该资源抗病性强，耐寒，是优异的小茴香种质资源。

名称	株高 /cm	叶形	叶色	叶长 /cm	叶宽 /cm	叶柄色	花色
岑溪小茴香	27.3	羽状深裂	绿色	24.7	7.5	浅绿色	黄色

【**利用价值**】在当地又名松沙菜，主要作为香料食用，提鲜去味。

8. 西林小茴香

【**学名**】Apiaceae（伞形科）*Foeniculum*（茴香属）*Foeniculum vulgare*（茴香）。

【**采集地**】广西百色市西林县八达镇花贡村。

【**主要特征特性**】该资源抗性强，香味浓郁，是优异的地方品种。

名称	株高 /cm	叶形	叶色	叶长 /cm	叶宽 /cm	叶柄色	花色
西林小茴香	30.0	羽状深裂	绿色	29.0	6.5	灰绿色	黄色

【**利用价值**】又称土茴香，在当地种植已有 30 年。茎及嫩叶可食用，嫩叶在当地主要用于做馅，干燥成熟的果实用作炒菜的香料。

9. 罗田茴藿香

【学名】Lamiaceae（唇形科）*Agastache*（藿香属）*Agastache foeniculum*（茴藿香）。

【采集地】广西桂林市永福县堡里镇罗田村。

【主要特征特性】该资源叶片较大，芳香味浓郁，花淡紫色。

名称	叶形	叶尖	叶缘	叶柄长 /cm	叶长 /cm	叶宽 /cm	茎	花色	株高 /cm
罗田茴藿香	椭圆形	渐尖	大锯齿状	1.5	4.5	3.0	四棱，无毛	淡紫色	35.0

【利用价值】嫩叶可食，在当地主要作为凉拌菜或炒螺的配菜，可作为特色芳香类蔬菜种植。

第三节　药食两用蔬菜、野菜等优异资源

1.凌云紫少花龙葵

【**学名**】Solanaceae（茄科）*Solanum*（茄属）*Solanum photeinocarpum* var. *violaceum*（紫少花龙葵）。

【**采集地**】广西百色市凌云县。

【**主要特征特性**】该资源叶片较宽大，无毛，花果少。

名称	株高/cm	株幅/cm	叶形	叶缘	叶长/cm	叶宽/cm	茎	花色	花梗长/cm	果色
凌云紫少花龙葵	64.0	37.0	卵圆形	不规则的波状粗齿	8.5	7.5	有棱，具刺	紫色	2.1	黑色

【**利用价值**】别称白花菜，多为田间野生，也有零星农户专门种植供自家取食。龙葵全株可入药，清热解毒，因含有大量生物碱而味苦，需煮熟后食用。常用于做汤和涮火锅，可直接栽培利用。

2. 武鸣一点红

【学名】Asteraceae（菊科）*Emilia*（一点红属）*Emilia sonchifolia*（一点红）。

【采集地】广西南宁市武鸣区。

【主要特征特性】此资源苦味较淡，质地脆爽。

名称	株高 /cm	株幅 /cm	顶裂叶形状	叶缘	叶长 /cm	叶宽 /cm	叶色	叶背	花色	茎绒毛
武鸣一点红	52.0	44.0	宽卵状三角形	不规则的波状粗齿	10.0	4.0	灰绿色	紫红色	紫红色	稀疏绒毛

【利用价值】别称羊蹄草、紫背草，多为田间野生，少量人工种植，嫩梢、嫩叶可食用，可炒食、做汤或作为火锅涮菜，味微苦，似茼蒿，可直接栽培利用。

3. 龙胜鱼腥草

【学名】Saururaceae（三白草科）*Houttuynia*（蕺菜属）*Houttuynia cordata*（蕺菜）。

【采集地】广西桂林市龙胜各族自治县江底乡建新村。

【主要特征特性】该资源长势旺盛，有特殊的腥味。

名称	株高 /cm	株幅 /cm	叶形	叶缘	叶长 /cm	叶宽 /cm	根状茎长 /cm	根状茎粗 /cm	茎色
龙胜鱼腥草	15.0	16.0	心形	全缘	8.0	8.0	24.0	0.7	紫红色

【利用价值】别名折耳根，主要取食根状茎，主要用于凉拌佐餐，偶尔取食嫩叶，具有清热、利尿等作用，可直接栽培利用。

第四节　其他优异杂类蔬菜资源

1. 马山黄秋葵

【学名】Malvaceae（锦葵科）*Abelmoschus*（秋葵属）*Abelmoschus esculentus*（咖啡黄葵）。

【采集地】广西南宁市马山县百龙滩镇龙昌村。

【主要特征特性】该秋葵主枝较发达，株幅小，节间短，中熟，前期产量高。

名称	株高 /cm	株幅 /cm	叶形	叶长 /cm	叶宽 /cm	商品果长 /cm	商品果粗 /cm	成熟果长 /cm	成熟果粗 /cm	嫩果色
马山黄秋葵	113.0	62.0	掌状深裂	13.0	22.0	15.0	1.6	19.0	2.1	黄绿色

【利用价值】该资源为农户 10 年自留种，可蒸、炒、炸食用，或做汤、制作脆片等，花、种子亦可食用或入药等，可用于秋葵品种的选育。

2. 钟山黄秋葵

【学名】Malvaceae（锦葵科）*Abelmoschus*（秋葵属）*Abelmoschus esculentus*（咖啡黄葵）。

【采集地】广西贺州市钟山县清塘镇周岩村。

【主要特征特性】该秋葵主枝发达，长势旺盛，节间短，挂果多，晚熟，产量高。

名称	株高/cm	株幅/cm	叶形	叶长/cm	叶宽/cm	商品果长/cm	商品果粗/cm	成熟果长/cm	成熟果粗/cm	嫩果色
钟山黄秋葵	180.0	85.0	掌状	18.0	26.0	17.0	1.3	21.0	1.9	绿色

【利用价值】该资源为农户 15 年自留种，可蒸、炒、炸食用，或做汤、制作脆片等，花、种子亦可食用或入药等，可用于秋葵品种的选育。

3. 钟山红秋葵

【学名】Malvaceae（锦葵科）*Abelmoschus*（秋葵属）*Abelmoschus esculentus*（咖啡黄葵）。

【采集地】广西贺州市钟山县清塘镇周岩村。

【主要特征特性】该秋葵果实嫩荚黄红色，主枝发达，长势旺盛，节间短，早熟，产量较高。

名称	株高/cm	株幅/cm	叶形	叶长/cm	叶宽/cm	商品果长/cm	商品果粗/cm	成熟果长/cm	成熟果粗/cm	嫩果色
钟山红秋葵	166.0	73.0	掌状深裂	16.0	23.0	11.0	1.9	15.0	2.1	红色

【利用价值】该资源在当地有 15 年种植历史，可蒸、炒、炸食用，或做汤、制作脆片等，花、种子亦可食用或入药等，可用于秋葵品种的选育。

4. 资源蘘荷

【**学名**】Zingiberaceae（姜科）*Zingiber*（姜属）*Zingiber mioga*（蘘荷）。

【**采集地**】广西桂林市资源县瓜里乡水头村。

【**主要特征特性**】该资源为黄花类型，长势旺盛，风味独特。

名称	株高/cm	株幅/cm	叶形	叶背	叶长/cm	叶宽/cm	苞片颜色	花色	根茎色	果色
资源蘘荷	87.0	32.0	披针状椭圆形	无毛	24.0	10.0	紫红色	黄色	淡黄色	黑色

【**利用价值**】别名阳荷，在当地零星分布。主要取食膨大的花穗、地下茎，可炒食、凉拌、腌渍。

5. 资源花魔芋

【学名】Araceae（天南星科）*Amorphophallus*（魔芋属）*Amorphophallus konjac*（花魔芋）。

【采集地】广西桂林市资源县。

【主要特征特性】该资源经鉴定为花魔芋，块茎规则近球形，富含淀粉。

名称	株高/cm	株幅/cm	叶形	叶柄直径/cm	叶柄长/cm	叶柄颜色	块茎形状	块茎直径/cm	花色
资源花魔芋	89.0	57.0	羽状复叶	3.0	60.0	绿褐色	近球形	13.5	紫红色

【利用价值】又名蒟蒻，全株有毒，以地下块茎为食用部位，不可生吃，需加工后方可食用，常用于制作魔芋豆腐、面点等，是一种低热量的健康食品，亦可从魔芋块茎中提取葡甘聚糖、魔芋精粉等。

6. 资源菊芋

【学名】Asteraceae（菊科）*Helianthus*（向日葵属）*Helianthus tuberosus*（菊芋）。

【采集地】广西桂林市资源县。

【主要特征特性】经鉴定该资源为白皮种菊芋，较耐寒、耐旱。

名称	株高/cm	株幅/cm	叶形	叶缘	叶长/cm	叶宽/cm	茎	总苞片	管状花色
资源菊芋	136.0	74.0	卵状椭圆形	有锯齿，有刚毛	13.0	5.0	有刚毛	多层，黄色	黄色

【利用价值】又名洋姜，在当地有小面积栽培。地下块茎爽脆微甜，富含菊糖，可制作成糖果、糕点等，也可以炒食、凉拌、腌制等，亦可作为制取淀粉和酒精的原料。

7. 钟山豆薯

【学名】Fabaceae（豆科）*Pachyrhizus*（豆薯属）*Pachyrhizus erosus*（豆薯）。

【采集地】广西贺州市钟山县公安镇廖屋村。

【主要特征特性】该资源皮薄而韧，肉质洁白，嫩脆多汁。

名称	株高/cm	叶形	叶缘	叶长/cm	叶宽/cm	花色	旗瓣形状	翼瓣形状	单球重/g
钟山豆薯	195.0	菱形	光滑	10.0	12.0	淡紫色	近圆形	镰刀形	450

【利用价值】又称凉薯，主要食用其肥大块根，可凉拌、炒食、煮汤等，有清凉去热、降血压、降血脂等功效，种子含鱼藤酮，可用作杀虫剂。

8. 马山黄花菜

【学名】Liliaceae（百合科）*Hemerocallis*（萱草属）*Hemerocallis citrina*（黄花菜）。

【采集地】广西南宁市马山县林圩镇东庄村。

【主要特征特性】该资源花期长，产量较高。

名称	株高 /cm	株幅 /cm	叶形	叶缘	叶长 /cm	叶宽 /cm	花色	花柄长 /cm	花葶长 /cm
马山黄花菜	35.0	47.0	狭长带状	光滑	66.0	1.7	金黄	0.4	59.0

【利用价值】又称金针菜、忘忧草，当地有零星种植。黄花菜的花苞为可食部位，通常晒干炒食、煮汤，也可鲜食，但必须煮熟浸泡以去除秋水仙碱。

9. 永福枸杞

【学名】Solanaceae（茄科）*Lycium*（枸杞属）*Lycium chinense*（枸杞）。

【采集地】广西桂林市永福县百寿镇东岸村。

【主要特征特性】该资源耐旱、耐贫瘠。

名称	株高/cm	叶形	叶缘	叶长/cm	叶宽/cm	茎色	花色	花单生或双生	果色
永福枸杞	67.0	长椭圆形	不全缘	4.5	2.0	浅灰色	淡紫色	单生	红色

【利用价值】该资源在当地零星种植，以食用嫩茎叶为主，可凉拌、炒食、做汤。

参 考 文 献

党选民，詹园凤，等 . 2005. 特种蔬菜种质资源描述规范 . 北京：中国农业出版社 .

胡宝清，毕燕 . 2011. 广西地理 . 北京：北京师范大学出版社：3-4, 311-316.

黄道明 . 1980. 广西蔬菜栽培优良品种 . 南宁：广西园艺学会 .

黄新芳，柯卫东，等 . 2006. 芋种质资源描述规范和数据标准 . 北京：中国农业出版社 .

柯卫东，李峰，等 . 2005. 莲种质资源描述规范和数据标准 . 北京：中国农业出版社 .

蓝福生，文永新，许成琼，等 . 1998. 广西野生蔬菜资源的特点及其开发利用 . 广西科学，5(2): 150-155.

李峰，柯卫东，等 . 2013. 荸荠种质资源描述规范和数据标准 . 北京：中国农业出版社 .

李峰，柯卫东，等 . 2013. 慈姑种质资源描述规范和数据标准 . 北京：中国农业出版社 .

李国景，汪宝根，等 . 2007. 丝瓜种质资源描述规范和数据标准 . 北京：中国农业出版社 .

李锡香，杜永臣，等 . 2006. 番茄种质资源描述规范和数据标准 . 北京：中国农业出版社 .

李锡香，邱杨，等 . 2008. 薹菜和菜薹种质资源描述规范和数据标准 . 北京：中国农业出版社 .

李锡香，沈镝，等 . 2006. 不结球白菜种质资源描述规范和数据标准 . 北京：中国农业出版社 .

李锡香，沈镝，等 . 2008. 根用和茎用芥菜种质资源描述规范和数据标准 . 北京：中国农业出版社 .

李锡香，沈镝，等 . 2008. 萝卜种质资源描述规范和数据标准 . 北京：中国农业出版社 .

李锡香，沈镝，等 . 2008. 叶用和薹（籽）用芥菜种质资源描述规范和数据标准 . 北京：中国农业出版社 .

李锡香，王海平，等 . 2007. 莴苣种质资源描述规范和数据标准 . 北京：中国农业出版社 .

李锡香，王素，等 . 2006. 菜豆种质资源描述规范和数据标准 . 北京：中国农业出版社 .

李锡香，张宝玺，等 . 2006. 辣椒种质资源描述规范和数据标准 . 北京：中国农业出版社 .

李锡香，朱德蔚，等 . 2005. 黄瓜种质资源描述规范和数据标准 . 北京：中国农业出版社 .

李锡香，朱德蔚，等 . 2006. 大蒜种质资源描述规范和数据标准 . 北京：中国农业出版社 .

李锡香，朱德蔚，等 . 2006. 姜种质资源描述规范和数据标准 . 北京：中国农业出版社 .

李锡香，朱德蔚，等 . 2006. 茄子种质资源描述规范和数据标准 . 北京：中国农业出版社 .

李锡香，朱德蔚，等 . 2007. 南瓜种质资源描述规范和数据标准 . 北京：中国农业出版社 .

李筱文 . 2002. 中国瑶族地区科技荟萃 . 北京：民族出版社：129.

李植良，黄河勋，黄亨履，等 . 2001. 粤北山区蔬菜种质资源考察与初步鉴定 . 广东农业科学，(3): 19-22.

梁燕，李锡香，等 . 2007. 韭菜种质资源描述规范和数据标准 . 北京：中国农业出版社 .

刘庞源，何伟明，等 . 2007. 苋菜种质资源描述规范和数据标准 . 北京：中国农业出版社 .

刘旭，郑殿升，黄兴奇 . 2013. 云南及周边地区优异农业生物种质资源 . 北京：科学出版社：245-266.

刘义满，柯卫东，等 . 2006. 蕹菜种质资源描述规范和数据标准 . 北京：中国农业出版社 .

马双武，刘君璞，等 . 2005. 西瓜种质资源描述规范和数据标准 . 北京：中国农业出版社 .

马双武，刘君璞，等 . 2006. 甜瓜种质资源描述规范和数据标准 . 北京：中国农业出版社 .

农艳芳，钟建锋 . 1999. 瑶家茶叶采制与瑶家油茶 . 中国茶叶加工，(4): 43-45.

沈镝，李锡香，等 . 2008. 瓠瓜种质资源描述规范和数据标准 . 北京：中国农业出版社 .

沈镝,李锡香,等.2008.丝瓜种质资源描述规范和数据标准.北京:中国农业出版社.

孙莉娜,李锡香,等.2008.芥蓝种质资源描述规范和数据标准.北京:中国农业出版社.

陶玉华,隆卫革,曹书阁.2017.广西五色糯米饭的民族植物学研究.河池学院学报,37(5):1-4.

王海平,李锡香,等.2008.葱种质资源描述规范和数据标准.北京:中国农业出版社.

王佩芝,李锡香,等.2006.豇豆种质资源描述规范和数据标准.北京:中国农业出版社.

王长林,沈镝,等.2008.冬瓜和节瓜种质资源描述规范和数据标准.北京:中国农业出版社.

文信连,文国荣,林之桂,等.2006.广西野生蔬菜资源及开发利用探讨.广西农业科学,37(4):442-444.

向长萍,李锡香,等.2014.黄花菜种质资源描述规范和数据标准.北京:中国农业出版社.

许桂香.2009.浅谈贵州苗族传统饮食文化.凯里学院学报,27(5):8-11.

叶元英,柯卫东,等.2006.水芹种质资源描述规范和数据标准.北京:中国农业出版社.

周静润,崔国祥.1964.广西蔬菜优良品种.南宁:广西园艺学会.

中文名索引

拉丁名索引